图灵交互设计丛书

设计体系

数字产品设计的系统化方法

[英] 阿拉·霍尔马托娃——著
（Alla Kholmatova）

望以文————译

人民邮电出版社

北　京

图书在版编目（CIP）数据

设计体系：数字产品设计的系统化方法 ／（英）阿
拉·霍尔马托娃（Alla Kholmatova）著；望以文译. --
北京：人民邮电出版社，2019.11（2022.8重印）
（图灵交互设计丛书）
ISBN 978-7-115-52201-6

Ⅰ. ①设… Ⅱ. ①阿… ②望… Ⅲ. ①电子产品－产
品设计 Ⅳ. ①TN602

中国版本图书馆CIP数据核字 (2019) 第219236号

内 容 提 要

　　本书主要介绍如何帮助中小型产品团队尽快打造一套新型、实用的设计体系。
本书分为两个部分。第一部分讨论设计体系的基础——模式与实践。设计模式包括
功能性模式与感知性模式。实践则是创建、捕获、共享和使用这些模式的方法。第
二部分侧重于阐释建立和维护设计体系的实际步骤和实用技术：规划任务，编写界
面清单，建立模式库，以及创建、记录、发展和维护设计模式等。

　　本书适合中小型产品团队成员，尤其适合产品经理、设计师和前端开发人员阅读。

　　◆ 著　　　　[英] 阿拉·霍尔马托娃
　　　 译　　　　望以文
　　　 责任编辑　温　雪
　　　 责任印制　周昇亮
　　◆ 人民邮电出版社出版发行　北京市丰台区成寿寺路 11 号
　　　 邮编　100164　电子邮件　315@ptpress.com.cn
　　　 网址　https://www.ptpress.com.cn
　　　 固安县铭成印刷有限公司印刷
　　◆ 开本：880×1230　1/32
　　　 印张：7　　　　　　　　　　　2019年 11 月第 1 版
　　　 字数：182千字　　　　　　　2022 年 8 月河北第 3 次印刷
　　　 著作权合同登记号　图字：01-2018-8081号

定价：59.00元
读者服务热线：(010)84084456-6009　印装质量热线：(010)81055316
反盗版热线：(010)81055315
广告经营许可证：京东市监广登字 20170147 号

版权声明

献给 Alyona。

译者序

互联网产品与研发团队里有一些常见的迷思。

(1) 产品经理和设计师需要懂技术吗？开发人员需要懂设计吗？
(2) 应当先做设计再出规范，还是先出规范再做设计？
(3) 如果老板的意见与设计师自己的想法相左，设计师应该坚持己见吗？

这些问题曾经困扰我们，时至今日它们也远远没有被彻底解决。不过，针对上面列举的这类问题，先进的互联网团队已经逐渐形成了一套新的方法论，并通过它大大地改进了互联网领域的设计实践。这套方法论就是**设计体系**（design system）。

设计体系的概念早已有之，不过，这一概念为互联网公司所用是在最近几年。经过短短几年的发展，这一理念已被国外互联网团队广泛接受，相关的方法论也成了用户体验设计领域的最佳实践。主流的产品设计杂志（如 *Smashing*）有了稳定的设计体系专栏。多个地方有了专门以设计体系为主题的会议，如美国的 Clarity 设计体系会议自 2016 年起每年举办一届。新兴的设计软件，如 Figma、InVision、UXPin，引入了专门用来管理设计体系的功能模块，并将其作为重要亮点进行宣传。设计师的招聘开始要求掌握设计体系相关技能，有的公司甚至设立了专门负责维护设计体系的岗位。

尽管设计体系的概念在国外已广为使用，在国内却鲜有讨论。你手里的这本书，是国内出版的第一本以设计体系为主题的图书。作为译者，我也希望通过这本书将设计体系这一概念带到国内的互联网圈，让更多的产品经理、设计师和前端开发人员了解它，并在实际工作中使用它。

那么，什么是设计体系呢？当我跟其他人解释设计体系的概念的时候，经常从设计实践的三个层级开始讲起。

第 1 层级：组件库。即便最初级设计师也懂得统一样式的重要性。如果你将网站的主要按钮定义为蓝色、小圆角的样式，你大概不会在下一个用到主要按钮的界面将其设为绿色，或改为大圆角。如果产品界面中出现不统一的情况，很容易让用户怀疑这家公司的设计团队不够专业。为了统一样式，设计师很容易想到做一个组件库，陈列所有界面中被复用的组件，如按钮、文本框、标签页等。组件库不仅可以指导设计师的工作，还可以为前端开发人员提供参考。

第 2 层级：设计语言。组件库提供了对同一类元素的约束，却没有指出不同类元素之间的联系。这时，我们需要引入设计语言的概念。一个产品的设计语言是塑造该产品独特且统一的风格的一套法则。一辆奔驰车即便摘去标志也很容易让人认出它是奔驰，这是因为所有的奔驰车都遵从相同的设计语言。Google 旗下众多产品线共享同一套设计语言，其中任何一个界面都不会让人感觉出自 Apple 或 Microsoft 之手。好的产品都打造了属于自己的设计语言。是设计语言统一了整个产品的风格，并让产品有了区别于其他产品的个性。

第 3 层级：设计体系。组件库和设计语言定义了产品该是怎样，却没有解答为什么是这样以及如何做到这样。为了回答这些问题，有人引入了设计体系的概念，用以指代产品团队内部形成的用于指导其设计工作的一系列共享的最佳实践。简单地说，设计体系是以下这些内容的集合：设计目的、设计原则、组件库、样式指南，以及用于提高设计师和开发人员沟通效率的工作流程和实用工具。建立有效的设计体系可以提高设计决策、设计与开发沟通等工作的效率，并减小出错的可能性。此外，建立设计体系也是团队知识管理的一部分，有助于为新加入团队的成员提供指导，同时确保团队的工作不会因为某位关键成员的离开而蒙受损失。

如果你对设计体系概念的理解还停留在抽象的层面，不妨现在就去看看下面列举的这些具体案例，从而对设计体系形成一个直观的认识。

一、平台级设计体系。Apple、Google、Microsoft 三家公司各自都有流行的操作系统（Apple 有 iOS、macOS 等，Google 有 Android，Microsoft 有 Windows）。为了指导各自生态下应用软件的设计，它们都推出了完整的设计体系。

(1) Apple 的 Human Interface Guidelines：https://developer.apple.com/design/human-interface-guidelines/

(2) Google 的 Material Design：https://material.io/

(3) Microsoft 的 Fluent Design System：https://www.microsoft.com/design/fluent/

二、公司级设计体系。有的公司为自身产品或同类产品打造了设计体系，并将它们发布到网上。以下是有名的几个案例。

(1) Atlassian 的设计体系：https://atlassian.design/

(2) IBM 的 Carbon 设计体系：https://www.carbondesignsystem.com/

(3) 蚂蚁金服的 Ant Design：https://ant.design/

设计体系在国内还没有取得广泛的认知，而本书正是国内介绍设计体系的第一本图书。为了在国内推广设计体系的理念，我建立了一个以设计体系为题的微信公众号，欢迎读者朋友们关注（微信号：designsystem）。此外，如果你想跟我交流，可以给我发邮件（wang@weakow.com），也可以通过微博找到我（@weakow）。

望以文

序

如果你有时间，不妨看看艺术家 Emily Garfield 的作品。她用水彩画创作精美且错综复杂的地图——每一幅画的都是一个不存在的地方，每一幅都令人惊叹。她从不描绘城市真实的景观，而是创造一个复杂的模式——打结的道路、曲折的河流，抑或紧凑的城市街区——并重复它。她不停地重复这种模式，每次只稍微改变一点，向外盘旋直到作品完成为止。因此，她的艺术作品具有生成性，如同分形[①]一般：由重复的图案构成，但感觉又像是一个凝聚在一起的整体。

实际上，Garfield 曾经说过："我的创作过程，可以称为不断生长的绘画。"当阅读手里这本很棒的书的时候，我经常想起这句话。说不定你也会这样。

近年来，Web 设计师开始拥抱更加模块化、模式驱动的设计实践。这样做是有充分理由的：我们需要为更多的屏幕类型、更多的设备类型、更多的场景和更多的用户创造非凡的体验。为此，我们开始将界面拆解为微小的、可复用的模块，并借助这些模式，以比过去快得多的速度构建产品、功能和界面。

不过，仅有设计模式是不够的。我们需要将它们纳入一个更大的体系之中，从而让这些小的界面模块显得统一、连贯、相互关联。它们是整体的一部分。也就是说，我们需要的是一个设计体系。这便是本书产生的原因。

在这本书中，作者阿拉向我们展示了如何构建设计体系以支撑数字产品的设计。通过清晰的阐述、案例研究和详尽的例子，

---

① 一个几何形状，可以分成数个部分，且每个部分都是整体缩小后的形状，即为分形。——译者注

阿拉向我们展示了如何在团队里建立一套通用、共享的语言，从而让团队成员得以有效地开展合作。她会讲述不同的组织如何构建设计体系并将其付诸实践的故事，还会讨论随着时间的推移改进这些设计体系的各种方法模型。

可以说，这不仅仅是一本书，它还是一幅地图，清晰地勾勒出了更加可持续的数字产品设计模型。如果我们顺着阿拉描绘的路径前行，就能学会如何构建出更好的设计体系，当然，也就能学会如何运用这套体系做出更好的设计。

Ethan Marcotte

关于本书

随着网络不断地快速变化，并且变得越来越复杂，静态页面的思维模式已经越来越站不住脚了，很多人都开始以更为系统的方式开展设计工作。

然而并非所有设计体系都同样有效。有些会形成统一的用户体验，有些则会产生混乱的拼凑式设计。有些会激发团队的灵感，有些则会被团队忽视。有些会随着时间的推移变得越来越好，变得更为凝聚，可以更好地运转；有些则会变得越来越糟，变得臃肿和笨重。

良好且持久运转的设计体系的关键特质是什么呢？我对这个问题非常感兴趣，因此花了很多时间研究和思考它。这些研究和思考便构成了本书的基础。

通过研究大大小小的公司建立设计体系的经验，我逐渐明确了构建一套行之有效、足以激发团队打造优秀数字产品的设计体系的关键因素。

本书读者

本书主要针对的是那些尝试将设计体系的思想融入其组织文化的中小型产品团队。产品团队里的每个人都可以在阅读本书的过程中受益，尤其是视觉设计师、交互设计师、用户体验设计师和前端开发人员。

本书范畴

本书基于我作为交互和视觉设计师的经验，阐述了我对设计体系的看法。本书不涉及其他关联领域，如信息架构、内容策略、设计研究等。同时，这也不是一本技术书。你找不到任何代码示例，也找不到任何关于开发工具和技术的深入分析，尽管书里有着大量与前端工作直接相关的讨论。

这是一本设计书，但不是一本展示设计作品的书，也不是一本关于数字产品设计的综合指南①。本书介绍的是如何以更为系统的方式处理设计过程，确保设计体系对实现产品的目的有所帮助，并符合团队文化。

本书结构

本书分为两个部分。

第一部分：基础

第一部分讨论的是设计体系的基础——模式与实践。设计模式是界面中的可复现、可复用的元素，既包括具体的、功能性的元素（如按钮和文本框），也包括更具描述性的元素（如图标样式、颜色和版式）。模式是相互关联的，它们共同构成了产品界面的设计语言。

实践则是创建、捕获、共享和使用这些模式的方法，比如遵循一系列原则，或者构建一个模式库。

第二部分：过程

设计体系无法在一夜之间建成，它是随着产品的发展逐渐建立

---

① 如果你想阅读这方面的书，我推荐 Alan Cooper 的《About Face：交互设计精髓》、Jeff Gothelf 和 Josh Seiden 的《精益设计：设计团队如何改善用户体验》，以及 Kim Goodwin 的 *Designing for the Digital Age: How to Create Human-Centered Products and Services*。

起来的。不过，遵循一些原则和方法，便能确保设计体系朝着正确的方向发展，并让我们拥有某种程度的控制权。本书的第二部分侧重于阐释建立和维护设计体系的实际步骤和实用技术：规划任务，编写界面清单，建立模式库，以及创建、记录、发展和维护设计模式等。

术语

在深入探讨设计体系这一主题之前，让我们先看看贯穿全书的一些术语。

模式或设计模式

我使用**模式**这个词来指代界面中任何可复现、可复用的元素，如按钮、文本框、图标样式、颜色、版式、重复的使用流程和交互行为等。这些元素可以用来解决特定的设计问题，满足用户需求，或者唤起情感。本书使用**功能性模式**指代与行为相关的模式，使用**感知性模式**指代与品牌和美学相关的模式。

功能性模式或模块

这两个术语在本书中可互换使用。它们指代界面中有形的构件，如按钮、标题、表单元素、菜单等。

感知性模式或样式

这两个术语指的是更具描述性的、无形的设计模式，如图标样式、颜色、版式等。它们通常用于创造某种美感，加强用户与产品的情感联系。

模式语言或设计语言

产品界面的设计语言是由一组相互关联、可共享的设计模式构成的。模式语言组合了功能性模式和感知性模式，以及平台特定的模式（如汉堡菜单）、领域模式（如分别针对电商网站、财务软件、社交应用的模块）、说服式用户体验模式，等等。

设计体系或体系

Web 领域的社区中没有对"设计体系"这个词的标准定义,人们以不同的方式使用该术语,有的人将其与"样式指南""模式库"这些词互换使用。在本书中,所谓设计体系,指的是为实现数字产品的目的而组织在一起的一套相关模式和共享实践。

模式库和样式指南

模式库是一种捕获、收集和共享设计模式及其应用指南的工具。创建模式库是良好设计实践的一个样例。通常来说,样式指南聚焦在样式上,如图标样式、颜色和版式,而模式库的范畴则更广一些。

设计体系的思想

本书建立在一些现实世界产品的设计体系相关思想的基础之上。其中很大一部分见解源自我在 FutureLearn 的工作经历。FutureLearn 是一家位于伦敦的互联网开放教育公司。在该公司担任设计师的三年时间里，我见证并影响了一套设计体系从最初的概念演变为成熟体系的过程。

除此之外，我还深入研究了另外五家公司。它们的规模各不相同，构建设计体系的方法也不尽相同。这五家公司分别是 Airbnb、Atlassian、欧洲之星（Eurostar）、Sipgate 和 TED。在这 18 个月里，我采访了他们团队的成员，了解了他们在体系演进过程中面临的挑战。

Airbnb

Airbnb 的首席交互设计师 Roy Stanfield 给我讲了很多关于 Airbnb "设计语言体系"（Design Language System，DLS）的细节。DLS 的不同之处在于其严格性。他们要求对模式进行精确的指定和使用，严格地遵守规则。为了实现这一目标，他们还制定了很多实践指南，开发了很多实用工具。不过，他们仍然面临着一些挑战，包括新模式的采用、整合新模式的速度，以及保持艺术方向与工程的同步，等等。

Atlassian

Atlassian 的设计负责人 Jürgen Spangl、首席设计师 James Bryant 和设计经理 Kevin Coffey 在 2016 年 11 月与我分享了他们对 "Atlassian 设计指南"（Atlassian Design Guidelines，ADG）的看法。他们不仅有专门的团队维护设计模式，还有一个开源模型接受贡献。他们允许甚至鼓励公司里的每一个人为设计体系做贡献。这种模型面临的挑战是平衡以下两个方面：一方面是给人以足够的自由去为设计体系做贡献，另一方面是确保对设计体系的管理始终处于有序的状态。

欧洲之星

欧洲之星的解决方案架构师 Dan Jackson 非常乐于讲述他们公司在做的事情。在本书撰写之际，他们正在构建团队的第一个模式库。起初，他们遇到了一些挑战，特别是在提升该项目的优先级，以及鼓励团队中的每个成员都为之贡献这两个方面。一年之后，他们争取到了资源，成立了专门的团队。现在，该团队正在主导这套体系的相关工作。

Sipgate

Sipgate 的用户体验负责人 Tobias Ritterbach 和 Web 开发人员 Mathias Wegener 都讲述了他们关于工作的很多见解。Sipgate 的模式库建于 2015 年，但一年后他们发现，由于与产品团队缺乏沟通，该模式库囊括了过多的模式。最近，他们正在开发一个新的模式库，以统一多个产品网站的设计语言。

TED

2016 年秋天，TED 的用户体验架构师 Michael McWatters、用户体验主管 Aaron Weyenberg 和前端开发人员 Joe Bartlett 参与了一系列讨论。在 TED 网站团队里，少数用户体验设计师和前端开发人员负责设计体系的决策。这个团队对他们的模式有着良好的共识，并用一种简单的方式将这些模式记录了下来。不过，到目前为止，他们认为尚无构建一个全面的模式库的必要。

致谢

我要感谢 FutureLearn 公司所有人对本书的支持，特别是以下几位：Lucy Blackwell 审阅了本书初稿，给予了很多指导并激励我做到最好；Mike Sharples 针对初稿提出了很多令人深思的反馈，给我带来了更大的挑战；Gabor Vajda 为书中很多想法的确定提供了帮助；Jusna Begum 帮我梳理了思路；Sam McTaggart、Dovile Sandaite、Kieran McCann、Storm MacSporran、Katie Coleman、Nicky Thompson、James Mockett、Chris Lowis 和 Matt Walton 都花了很多时间与我讨论，并提出了他们的意见。

非常感谢 *Smashing*[①] 的工作人员，感谢所有帮助本书出版的人们，特别是以下几位：Karen McGrane、Jeremy Keith 和 Vitaly Friedman 提出了深刻的建设性意见，让本书变得更好；Owen Gregory 编辑了本书；Ethan Marcotte 撰写了序；Espen Brunborg 设计了漂亮的英文版封面。

特别感谢那些愿意与我分享经验和观点的人们，本书的很多材料都来源于他们：除了"设计体系的思想"中提到的团队，还有 Sarah Drasner、Laura Elizabeth、Matt Bond、Trent Walton、Geri Coady、Joel Burges、Michal Paraschidis、Heydon Pickering、Léonie Watson、Bethany Sonefeld，以及来自 IBM 的 Chris Dhanaraj、来自 Shopify 的 Amy Thibodeau 和来自 Intuit 的 Joe Preston。

最后，我要感谢我的家人：丈夫 Hakan 和女儿 Alyona。感谢他们在本书 18 个月的创作时间里表现出来的耐心和包容。在做着全职工作的同时写一本书是一项巨大的工程，如果没有丈夫

---

① *Smashing* 是本书英文版的出版机构，亦是 Web 设计领域知名的在线杂志。

——译者注

的支持，这是不可能完成的。Alyona，对不起，因为忙着工作，所以没法和你一起玩。我爱你，我保证我会弥补这一切的!

电子书

扫描如下二维码，即可购买本书电子版。

目　　录

第一部分　基础

第1章

设计体系

在 Web 领域的社区里，"设计体系"（design system）一词没有标准的定义，人们以不同的方式使用该术语。在这一章里，我们将讨论设计体系的定义及其构成。

设计体系是为了实现数字产品的目的而组织起来的一套相互关联的模式和**共享实践**。模式指的是界面中那些重复的要素：用户流程、交互方式、按钮、文本框、图标、配色、排版、文案，等等。实践则是我们**如何**创建、捕获、共享和使用这些模式，尤其是在团队协作时做这些事情的方法。

让我们来看两个毫无关联的产品的界面。一个是汤森路透的交易与市场分析工具 Eikon，一个是互联网教育与学习平台 FutureLearn（见图 1-1）。

图 1-1 （左）汤森路透 Eikon 的界面；（右）FutureLearn 的界面

这两个案例展现了如何选用不同的模式以实现不同的目的。对于汤森路透来说，目的是实现数据处理、工具构建、快速扫描及多任务处理；对于 FutureLearn 来说，目的是实现深度阅读、非正式学习、反思，以及连接志同道合的人。产品的**目的**决定了它所采用的设计模式。

汤森路透产品的布局是以面板和小部件为基础的，这样做会方便用户进行多任务处理。这个设计很密集，整个界面承载了很多信息。它使用了紧密的间距、紧凑的控件、灵活的布局和排版方式（例如使用窄体字体和相对较小的标题）。

相比之下，FutureLearn 的布局则宽松得多。每个界面通常只对应一个任务，例如阅读一篇文章、参与一项讨论，抑或是完成一次互动练习。在这里，布局大多是一列的，排版上则通常使用对比强烈的风格，如大大的标题、厚实的控件及宽大的留白。①

设计模式的选择受很多因素的影响。首先，产品所属的**领域**及其核心功能影响了**功能性模式**（functional pattern）。例如，为了使用交易和市场分析软件，用户需要熟练掌握任务栏、数据字段和网格、图表等数据可视化工具。对于在线学习网站，其核心功能是文章、视频、讨论话题、进度条、互动活动等。而对于电子商务网站，其核心功能则很可能是产品展示、筛选器、购物车和结账模块等。

其次，产品的**精神**（或者品牌——取决于你对品牌的定义）也形成了塑造产品调性的模式，本书中我把它们称作**感知性模式**（perceptual pattern）。这种模式包括文案语气、排版、配色、图标样式、间距与布局、特定的形状、交互、动画和声音等（见图 1-2）。如果忽略感知性模式，相同领域的产品就不会有什么差异，因为它们的功能都是相似的。

---

① 这里选用的 FutureLearn 的界面是一个反思性学习的例子。学习者需要专注于手头的任务，不能被其他活动分心。这个界面的目的就是创造一种让人感到平静的沉思氛围。

图 1-2　尽管 HipChat 和 Slack 具有相似的用途和功能，但它们带
　　　　给用户的感觉完全不同，这主要因为它们在界面中传递了
　　　　不同的品牌形象

此外，模式还会受平台的惯例影响。例如，一种平台特有的设
计语言可能会决定其产品看起来更像 Web 产品还是更像 App。
又如，一个产品的 iOS 版可能跟其 Android 版的感觉完全不同。

创建数字产品时，通常有各种各样的模式在发挥作用。这就是
设计难做的原因。不同的模式需要相互联系，并能无缝地衔接
在一起。下面就来详细地谈谈模式。

1.1　设计模式

设计模式（design pattern）的概念最早是建筑师克里斯托弗·亚
历山大（Christopher Alexander）在他的开创性著作《建筑的永
恒之道》和《建筑模式语言》中提出的。这两本书里贯穿始终
的一个论题便是，为什么有些地方会让人感到精神百倍、生机
勃勃，而另一些地方则让人感到沉闷无比、毫无生气。根据作
者的观点，环境与建筑向我们传递感受的方式并不局限于主观
情绪，还可以是基于某些有形的特定模式产生的结果。即使是
普通人也可以学会并使用模式来建造人性化的建筑。

《建筑模式语言》一书包含了 253 个建筑设计模式，大的如城

市和道路系统的布局，小的如家庭住宅中的照明和家具。

模式是一种用于解决特定设计问题的可复现、可复用的方案。

> 每种模式都描述了一个在我们的环境中反复出现的问题，以及该问题的解决方案的核心思想。"
>
> ——克里斯托弗·亚历山大，《建筑模式语言》

类似地，我们在创建界面时，也在使用设计模式来解决常见的问题：使用标签页将内容分成几个部分，并表明哪一个选项对应于当前的页面；使用下拉菜单展示可供用户选择的选项列表（见图 1-3）。[1]

图 1-3　Bootstrap（一个用于开发响应式网站的前端框架）的一些模式

我们用模式来为用户提供反馈，显示流程中剩余的步数，让用户相互交流，查看和选择项目……设计模式可以激发和鼓励用户，能简化任务，还能创造成就感或控制错觉（见图 1-4）。

---

[1] UI Patterns 网站（见图 1-4）展示了大量常见的设计模式，并按目的和所解决的设计问题对模式进行了分类。如果想全面了解 UI 模式，建议阅读 Jenifer Tidwell 的《界面设计模式》一书。

图 1-4   UI Patterns 网站上关于说服式模式"记忆识别"（recognition
over recall）的例子

大多数设计模式都已打造成型并为人所熟知。这些模式利用了
人的心智模型，让设计可以被直观地理解。全新的模式则需要
用户先对其进行学习和接纳——这样的案例并不多见。[1] 产品
与众不同的原因并不在于它所使用的模式的新颖性，而在于这
些模式的运用方式，以及它们如何相互配合以实现特定的设计
目的。

一套相互关联的模式构成了产品界面的设计语言。

我们开始设计产品的时候，设计语言就出现了。我们有时并不
知道这个语言是什么样的。有时候，有效且有趣的设计是基于

---

[1] 在滑动手势成为移动端产品的模式之前，没人知道如何使用这种交互
方式。现在，我们却可以看到完全依赖于这种模式的产品（如 Tinder）。
从使用人们熟悉的东西到探索新鲜事物的过渡是一个非常微妙的过程，
很多产品的生死都是由何时以及如何完成这种过渡所决定的。

直觉的，我们很难准确地阐述为什么要这样设计。设计师和开发人员可能会本能地了解个中缘由，但直觉并非总是可靠和可扩展的。设计师 Dan Mall 在他的文章 *Researching Design Systems* 中指出，设计体系的一个主要目标就是"扩展创意方向"。如果你需要让一群人持续可靠地遵循创意方向，就需要将模式**明确地阐述**出来，并**分享**出来。

当你阐述你的设计语言时，需要确保它可操作、可重现，也就是以一种系统性的方式开始这项工作。例如，与其讨论如何调整某个项目以使其突出，不如建立一套"提升模式"，其中每个模式旨在实现不同程度的视觉突出。Tom Osborne 的"视觉音量指南"（Visual Loudness Guide，见图 1-5）便是一个系统性地组织按钮和链接的示例。在这里，按钮和链接并非单独列出，而是成套出现，每一套都具有与其视觉突出效果相对应的"音量"。

Loudness Guide

LINK	TYPE	VOLUME	FREQUENCY	USE
Buy Now!	Graphic	Scream	Selectively	Promotional
Sign Up	Button	Yell	Rare	Brand, registration, help
Save	Button	Shout	Occasionally	Editing, actions
Submit	Button	Cheer	Often	Primary button
Cancel	Button	Murmur	Occasionally	Secondary button

图 1-5　Tom Osborne 的"视觉音量指南"

将设计语言阐述出来可以更好地控制设计体系。你能用更深刻的方式影响它，而不是局限于做小改动。如果你发现一个小的设计改进能对用户体验产生积极的影响，便可以将其应用于整个设计体系的模式，而非只用在一个地方。与其花费数小时设计下拉菜单，不如将这些时间花在与用户和领域专家讨论这里是否需要一个下拉菜单上面。建立了设计语言之后，你便可以不再关注模式本身，而是更多地关注用户。

在这本书里，我们将不停地讨论如何清楚地阐述、记录和共享数字产品的模式语言。并且，我们将重点关注两类设计模式：功能性模式和感知性模式。功能性模式表现为界面上的具体模块，如按钮、标题、表单元素、菜单等。感知性模式则是描述性的样式，以可视化方式表达和呈现产品的个性，如配色、排版、图标、形状、动画等。

不妨做个类比，功能性模式有点像名词和动词，它们是界面中那些具体的、可操作的部分；而感知性模式则类似于形容词，它们是描述性的。例如，按钮是具有明确功能的模块，它让用户能够提交某项操作。但按钮上的文字的样式，以及按钮本身的形状、背景色、填充、交互状态和过渡动画不是模块，而是样式，这些样式描述了按钮是**什么样**的。从前端开发的角度来看，模块建立在 HTML 的基础上，而感知性模式则是典型的CSS 属性。

设计体系还包含很多其他类型的模式：用户流程（例如包含错误提示和成功消息的表单的设计）、面向领域的设计模式（如教育科技系统的学习模式、电子商务模式等）、说服式用户体验模式，等等。本书的重点是作为设计体系核心构件的功能性模式和感知性模式。

当然，重要的不仅仅是模式本身，还包括它们是如何演进、共享、连接和使用的。

1.2　共享语言

语言是协作的基础。如果你在一个团队中工作，你的设计语言就需要在所有参与产品创建的人之间共享。如果不共享语言，团队成员就无法有效地进行共同创造——每个人都对他们想要实现的目标有着不同的心智模型。我们不妨回到按钮的例子。即便是这种界面上最基本的元素也能具有不同的含义。按钮到底是什么？一个有边框的可点击区域？一个用于从一个页面跳转到另一个页面的交互元素？还是一个让用户提交某些数据的表单元素？

Abby Covert 在她的 *How to Make Sense of Any Mess* 一书中指出，在开始构建界面之前，就应该通过讨论、审议和记录语言决策等方式建立起一套共享的设计语言。不仅高等级的概念需要这样处理，讨论设计决策的日常用语也需要如此。共享语言，便意味着我们能以相同的方法为界面元素命名，为设计模式下定义，并能让设计文件和前端代码使用相同的名称。

仅仅做到这些还不够。有时，团队里的人以为他们形成了共识，因为他们建立了共享的词汇表并已付诸实践，但他们对这些词的理解其实根本不同。例如，团队的核心概念里面有"场景"（scenario）这个术语，但用了一年以后才发现，团队里不同的人对这个词的理解完全不一样。我们不仅要对语言形成共识，还要对语言的用法形成共识。仅仅对按钮这个词的含义达成共识是不够的，还需要对不同背景、不同目的下使用按钮的原因和方法形成共识。

假设我们在界面中用到了一个名为"序列"（sequence）的元素。当将它呈现在界面上时，我们想通过它向用户传达的信息是，应以特定的顺序按步骤走完流程（见图 1-6）。

图 1-6　"序列"模块的例子

理想情况下，参与产品创建的每一个人都应该知道这个元素是什么：它的名称和目的是什么，为什么会被设计成这样，应该如何使用它，以及何时应该使用它[1]。这种共享的信息越多，就越有可能恰当地使用它。设计师和前端开发人员都应该了解这些信息，如果其他领域的人（如内容、营销、产品管理等方面的人）也了解其中的一些信息，那也是有好处的。

每个人都需要知道这个元素称作"序列"，而不是"向导控件"或者"一串气泡"。如果设计师将其称作"一串气泡"，开发人员将其称作"向导控件"，用户将其视作一组标签页，就可以断定设计语言没有起到作用。为什么用户的理解很重要？我们不妨回顾一下 Don Norman 的开创性著作《设计心理学》，在这本书中，他指出，系统映像（界面）和用户模型（用户通过与界面交互而形成的感知）之间存在着一道鸿沟。如果用户的交互心智模型与设计团队提供的系统映像不契合的话，用户就会不断地受到意料之外的系统行为的挑战。**有效的设计语言可以弥合系统映像和（假设的）用户模型之间的差距。**

随着你的设计语言变得更加丰富、更加复杂，你需要一种高效的方式来对其进行捕获和共享。在如今的互联网领域，模式库已经成为良好设计体系实践的重要组成部分。

---

[1] 挑战不光在于引入"序列"的定义或概念，还在于让人理解其使用环境。例如，用户体验团队可能需要在一个连贯统一的框架内实现不同类型的序列（例如对 FutureLearn 来说，就包括课程、运行、步骤、用户操作等多种元素的序列）。

1.3　模式库及其局限性

设计体系不仅包括模式，还包括一系列用于创建、捕获、共享和发展这些模式的**技术和实践**。模式库不仅包含收集、存储和共享设计模式的工具，还包含相应的使用原则和操作指南。尽管模式库近来在网上流行起来，但是用各种形式记录和共享设计模式的理念由来已久。

帕拉第奥（Palladio）的《建筑四书》于 1570 年在威尼斯首次出版，它是建筑领域最为重要且最具影响力的图书之一。该书也是最早的系统化文档的例子之一。帕拉第奥从古希腊和古罗马式的建筑中汲取灵感，为设计和建造建筑物提供了规则和词汇表，包括原则和模式，并且详细讲述了它们的工作原理（见图 1-7）。

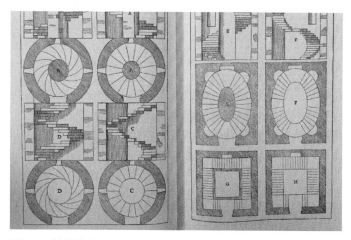

图 1-7　楼梯的类型：螺旋式、椭圆式和直线式。对于每一种类型，帕拉第奥都说明了如何以及何时使用它们。例如，螺旋式楼梯适用于"非常受限的位置，因为相较于直线式楼梯，它占用的空间更少，但也更难爬"

在现代视觉设计领域,早就有了关于设计体系的记载,从对早期排版和网格系统的说明,到包豪斯(Bauhaus)设计原则。在过去的几十年里,很多公司都以品牌手册的形式对其视觉识别做了说明,1975 年 NASA [①] 发布的《视觉设计标准手册》(见图 1-8)便是其中一个较为著名的例子。

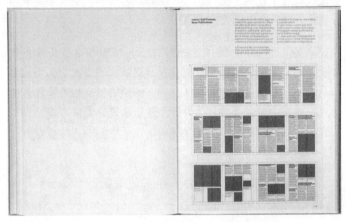

图 1-8   NASA《视觉设计标准手册》中的布局指南

在网上,很多模式库起初都是对品牌标志文档(主要用于说明标志处理、企业价值和品牌样式)的扩展,如排版和配色 [②]。后来它们才把对界面模块的定义和使用方法囊括进来。Yahoo公司的模式库便是界面模式文档的早期案例之一(见图 1-9)。

---

① NASA 是美国宇航局的简称。——译者注
② 由此可以看出如何区分样式指南和模式库。传统的样式指南仅针对样式(如配色和排版),而模式库则可以包括样式和其他内容,如功能性模式、设计原则等。

图 1-9   Yahoo 公司的模式库是界面模式文档的早期案例之一

对于那些资源相对不足的公司而言，模式库常以 PDF 或维基 ①
的形式存在，这意味着它是静态的，难以保持更新。如今，很
多设计师和开发人员都希望建立更加动态的模式库，或者称为
"活的"模式库（见图 1-10），它不仅包含设计模式，还包含用
于构建它们的实际代码。动态样式指南或模式库不止是参考文
档，而是可以用于数字产品界面创建的实际工作模式。

---

① 维基（wiki）并不是指维基百科（Wikipedia），维基指的是一种多人协
　作的文档系统，包括维基百科在内的很多系统均是使用维基的例子。
　　　　　　　　　　　　　　　　　　　　　　　　　　　——译者注

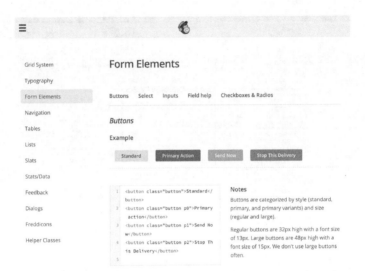

图 1-10   MailChimp 的模式库是网上动态模式库里最有影响力的
　　　　　早期案例之一

模式库的局限性

有人将模式库等价于设计体系。然而，即便是最为全面的动态
模式库，也不能称作设计体系。它只是有助于设计体系变得更
加有效的一种工具。

仅仅拥有模式库还无法保证建立连贯且一致的设计。它可能有
助于纠正一些小的不一致的错误，或让代码库更加稳健，但仅
凭工具是无法对用户体验产生重大影响的。

模式库无法让糟糕的设计变好。模式可能本身就设计得不好、
用得不对，或者与整体不协调。正如 TED 的用户体验架构师
Michael McWatters 在接受采访时指出的那样："如果设计思想
不到位，即便是 Squarespace[①] 的模板也可能被糟蹋。"反过来
说，即便没有全面完整的模式库，也可以创建出具有连贯用户

_____
① Squarespace 是著名的建站工具，它包含大量高质量的模板。——译者注

体验的产品（第 6 章 TED 设计体系的例子会印证这一点）。

构建动态模式库需要更好的协作。如果团队之间缺乏沟通，很可能导致只有一小部分人在用它，或者产生大量彼此割裂的模式。如果能保持更新，模式库便可以成为共享语言的词汇表。但这并不意味着不必再对其进行解释说明。那些有关如何对模式进行解释的讨论，常常是决定模式库成败的关键。

不过，有时模式库也受到了批评，因为它扼杀了创造力，容易导致开发出外观千篇一律的网站。对此需要指出，模式库是对其背后设计体系的反映。如果设计体系本身就很严格，限制很多，那么模式库便可以体现出这种刚性。如果设计体系允许去做大量创造性的试验，那么好的模式库只会让这种试验变得更加容易。

现在世面上已经有很多自动化工具和样式指南生成器，建立一套组件库比以前快多了。但如果没有一套连贯的、集成了模式和实践的设计体系作为基础，这样的组件库的影响将十分有限。只有将模式库作为构建坚实的设计语言的基础，它才会成为强大的设计工具和协作工具。否则，它就只是网页上模块的集合而已。

1.4　构建有效的设计体系

如何衡量设计体系的有效性？可以看它的不同部分一起发挥作用以帮助实现产品目的的程度。例如，FutureLearn 的目的是"让每个人在任何地方都能终身学习"。于是，我们可以去看界面的设计语言在实现这一目标的过程中发挥了多大作用，以及这些设计实践的效果如何。如果界面混乱，导致无法实现上述目标，那么可以认为这套设计语言是无效的。如果为网站添加一个新模块花了很长时间（因为每次都必须从头开始新建模式），那么可以断定这些实践方法还需要改进。

只有当设计体系围绕产品目的，综合了设计过程中的成本效益及用户体验的效率和满意度时，它才是有效的。

1.4.1   共享目的

在《系统之美》一书中，作者 Donella Meadows 指出，系统[①]最重要的一个特性是其连接和组织方式：子系统聚合成大的系统，而这些系统转而又成了更大系统的一部分。肝脏中的细胞是器官的一部分，而器官是生物体的一部分。没有哪个系统可以独立存在。你的设计体系中可能有小一点的子体系，如用于控制页面布局的编辑规则，又如某种响应式地缩放标志的方法（见图 1-11）。同时，你的设计体系又是一个更大的体系——你的产品、你的团队、你的公司文化——的一部分。

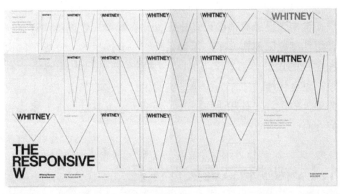

图 1-11   惠特尼美国艺术博物馆的标志，一个"动态的 W"，它本身就是一套简单且适应性极强的体系。字母 W 对其周围的图形和文字进行响应，大大提升了布局的灵活性

在高效的设计体系中，不同的子体系为了同样的目的而相互连接，并协调一致：设计方法在前端架构中得到反映；设计模式遵循指导原则；模式语言在设计、代码和模式库中得到一致的

———————————————
① 此处"系统"在原文中与"体系"为同一个词，即 system。——译者注

应用。这些子体系运转得相当和谐：它们的工作流程更高效，用它们创造出的用户体验更有意义，也更连贯。

1.4.2　识别问题

裂缝总是很容易被发现。割裂的设计体系导致了割裂的用户体验，以及充满矛盾的界面。我们既想让用户订阅我们的通讯，又想让他们查看我们的最新产品。我们既想让用户对照食谱完成一些步骤，又想让他们对每个食谱进行打分。我们在网站的某个区域用"序列"来展示某项任务的步骤，又在另一个地方将它用作标签页导航。界面上充斥着同一颜色的多个色调，抑或是同一按钮的多个版本。团队的工作效率也大打折扣：由于代码混杂不堪，哪怕是做个微小的改动也相当烦琐而耗时。设计师把时间花在复制像素上，花在为同一问题反复寻找解决方案上，而不是花在理解和解决实际用户的需求上面。

如何消除这样的裂缝，让设计体系变得更加有效呢？为了回答这个问题，我们需要理解设计体系是什么，以及它是如何工作的。让我们通过一个简单的虚构案例，看看模式语言是如何伴随新产品发展的。

1.5　案例："十分钟食谱"网站

有这样一群人，他们喜欢健康的食品，但又不想花太多的时间做饭。想象一下我们正在开发一个为这类人提供食谱的网站。如果我们考虑引入设计体系，并提前定义设计模式，该从哪里下手呢？在开始之前，我们先做一些假设：我们熟悉烹饪，并且已经做了充分的调研，这足以支撑我们的设计决策。所以，接下来我们要关注的不是设计出什么样的用户体验，而是我们为这个新网站构建设计体系的思维方式。

1.5.1　目的和价值观

我们要做的第一件事就是弄清楚用户是谁，他们的目标、需求
和动机是什么。为了简化问题，此处假定我们已经知道用户
是那些忙碌的职场人士，他们的目标是享用美味又健康的膳
食，却不用花数小时烹饪。我们有多种方式帮助他们实现这一
目标：让他们与厨师取得联系，将美食送到他们家门口，或者
开发一个对话式的应用，等等。但此处我们希望通过构建一
个"十分钟食谱"网站来实现这一目标。我们可以用一句话来
表述这个网站的目的：**让人们在十分钟内就能烹饪出美味又健
康的膳食**。这个目的是产品的核心，它应该支撑设计和开发决
策。团队应该了解这个目的并认可它，而不会被迫接受它。

除了目的之外，另一个重要的方面就是我们试图通过网站传达
的价值观和精神。对于我们的网站来说，价值观是让用户使用
常见的食材，就能烹饪出简单而健康的食物。而对于另一个烹
饪网站来说，他们的价值观则可能是追求高级的烹饪，并让用
户掌握高级烹饪技能。

1.5.2　设计原则

为确保我们所做的所有事情都清晰地体现了产品目的，我们需
要建立一些基本原则和价值观。可以非正式地讨论，也可以写
下来形成宣言。重要的是参与产品创建的人都认同这些价值
观，并承诺实践它们。

例如，十分钟食谱网站团队的每个人都需要了解时间的价值。
他们需要时刻谨记食谱是有时间限制的，因此他们会努力让网
站的交互变得简短、快速和流畅。

这一原则不仅体现在设计模式上，还体现在网站的性能、说话
的语气，甚至团队的运作方式上面。

这些原则不一定是很正式的，甚至不一定要写下来。但是，团队成员应就这些内容达成一致，这对于让每个人的工作和优先级保持同步至关重要。这些内容还能辅助决策：从先实现哪些功能、使用何种方法，到制定用户体验流程、设计按钮外观、选择字体，等等。[1]

1.5.3　行为和功能性模式

我们确定了希望用户实现或让用户有能力实现的主要行为，这会帮助用户实现他们的目标。

❑ 我们希望人们选择在家烹饪健康的食物，而不是选择快餐和微波炉食物。这意味着我们的膳食需要看起来美味且健康，比微波炉食物更加诱人。为此，我们需要制作精美的图片，呈现出让人垂涎而又简单方便的食物。

❑ 我们希望人们在十分钟之内就能做出好菜。这意味着我们的食谱只需要简单几步就能完成。这些步骤应该简短、清晰且重点突出。兴许我们还可以为每一步标注时间，确保总时长在十分钟以内。

❑ 我们希望人们的烹饪行为是自发的，仿佛随时都可以开始。他们可以利用现有的材料，而不必准备什么——他们不需要购买不常见的食材。在用户界面层面，这意味着需要使用带有清晰标注的食材缩略图。

❑ 我们希望鼓励人们发挥创造力，保持自信，并享受乐趣。我们会显示哪些食材是可选的，并告诉人们可以替换为其他哪些食材。我们可以展示一些有趣的、让人意想不到的组合。[2]

---

[1] 第 2 章将更详细地介绍有效设计原则的特性，以及它们是如何构成设计语言的基础的。

[2] 关于如何理解人们想要什么，并据此形成新产品的愿景，请参阅 Slack 的 CEO Stewart Butterfield 的文章 *We Don't Sell Saddles Here*。

设计的细节固然会随着网站的改版而变化，但上述关键行为将始终保持不变。这些行为足以体现网站的**核心功能模块和交互方式**：食材缩略图、食谱卡片、分步序列、计时器等。

1.5.4　审美和感知性模式

与此同时，我们需要弄清楚，我们希望人们在使用十分钟烹饪食谱网站时有什么感受。我们是踏实、简单的，还是炫目、复杂的？我们是严肃的，还是搞笑的？是大胆的，还是克制的？是讲求实用的，还是追求情怀的？哪些视觉效果能体现出我们想要通过界面反映的网站个性和精神？为了解答这些问题，我们可以从思考品牌入手。

我们对健康的食品充满热情，所以希望整个网站都能体现这一点。或许网站要有一种有机、温暖、有益健康的感觉。我们也相信烹饪不需要进行大量的规划和准备，它应该是自发的、有趣的，可以在十分钟内进行试验和创新。

基于此，我们可以将一些情绪和感觉写下来，并开始尝试一些视觉效果，直到品牌的感觉符合预期。[①] 之后，我们便可以开始定义核心视觉品牌元素，例如排版、配色、说话的语气语调以及任何表现品牌独特性的元素。如插图、图片样式、特定形状、独特交互等，这些都能体现我们服务的本质，并能以最佳方式呈现内容。

最终，我们有了温暖又朴实的配色、手绘的图标、可读性极强的排版、高质量的健康饮食照片，以及一些简单的界面元素和控件。这些风格样式便构成了我们的感知性模式。

---

① 第 4 章会详细介绍定义感知性模式的过程。

1.5.5 共享语言

除此之外，我们还需要对一些概念下定义，也就是对设计语言进行决策。什么是"食谱"？"步骤"的含义是什么？什么是"简单轻松"的交互？我们选择的词语将会影响团队的思考方式，因而也会间接地影响设计。

一开始，可以用一种非正式的方式共享所选的模式和语言。但随着团队和产品的发展，语言也需要改变。最终，我们需要用一种更加结构化的方式来捕获、共享和组织我们的设计词汇表。[①]

至此，我们已经通过一个虚构的网站简单地了解了整个设计体系的构建过程，接下来将通过一些真实的数字产品和公司的案例，来看看设计体系是如何演变和发展的。

[①] 在第 5 章中，我们将看到有效的名称和协作式的命名过程是如何成为设计语言体系的基础之一的。在第 10 章中，我们将看到模式库是如何成为一种捕获用语、建立共享词汇表的方式的。

第 2 章

设计原则

坚实的原则是任何设计体系得以良好运转的基础。在这一章中，我们将讨论有效的设计原则有哪些特性，还将讨论定义这些原则的方法。

上一章，我们探讨了设计界面时从产品的目的和价值观入手的重要性。明确目的非常重要，因为其他所有的决策都以此为依据，哪怕是间接地以此为依据。

我们如何确保产品的目的在设计中得到体现呢？那就是建立一套基本的价值观和原则。

在一些公司里，尤其是在处于初创期的公司里，尝试建立一套共同的准则是很难的。设计原则是无法量化的，因此定义这些原则可能需要多次迭代。

对于原则到底是什么，也可能存在一些争议。有些公司的设计原则偏重于品牌，有的偏重于团队文化，有的则偏重于设计流程。例如，Pinterest 的设计原则便偏重于品牌（如"清晰易懂""充满活力""牢不可破"等），英国政府数字服务小组制定的原则则偏重于团队的运作方式（如"精简""重复再重复"等）。

有时候，设计原则仅适用于有限的一段时期，或仅适用于特定的项目。设计师 Dan Mall 喜欢在每个项目开始的时候写一份"设计宣言"，以确保创意的方向和目标被清楚地表达出来。有时候，设计原则更为持久，其成果甚至成为了公司理念的一部分。Jack Daniel's 酒厂的价值观是"信任""独立"和"诚实"，这些价值观在一个世纪里一直没有变过。

大一些的公司可能会对用户体验、品牌和设计体系分别建立不同的原则。[①] 此外，同一个公司的不同团队也可能拥有各自的团队准则。虽然有人认为这是可接受的，但也有人认为拥有多套准则容易导致设计体系的分裂。

Atlassian 是一家企业软件公司。起初，他们针对市场营销和针对产品的原则是不同的。随着时间的推移，他们逐渐融合了这些原则，形成了一套统一的理念，弥合了市场营销、产品设计和服务支持等工作领域之间的裂缝。现在，他们正基于一套统一的原则开展各项工作。

> 这是一套统一的体系。设计原则将散落的点串联了起来。"
>
> ——Jürgen Spangl，Atlassian 公司设计负责人

Atlassian 公司并没有针对不同的团队或者针对设计体系的不同部分分别制定不同的原则，他们的目标是在客户可触及的**每一点**上都体现一些核心的价值观，比如"大胆""乐观""实用但不乏味"。不过，尽管各处的价值观是相同的，但体现程度并不一样。

例如，网站的销售和市场营销模块就会较多地体现"大胆"，从而增强产品展示的效果，并帮助客户了解产品的价值。但是，一旦进入产品本身及服务支持模块，网站的体验就会更多地倾向于帮助用户完成工作，尽可能地提高效率，所以减弱了"大胆"的感觉，增加了"实用"的价值。正如 Atlassian 公司的设计经理 Kevin Coffey 所说的，"没有人想要一个'大胆的'服务支持页面"。

---

① Google 公司有一份流传甚广的设计原则，那是一些很宽泛的准则，例如"以用户为中心，其他的自然水到渠成"。在建立 Material 设计语言的时候，Google 公司则提出了一些更为具体的原则，例如"动画需要表现一定的意义"。

2.1　有效设计原则的特性

对于构建设计原则，每个公司都有自己独特的方法，其表现形式也不尽相同。设计原则可以是笼统的，也可以是具体的；可以是临时的，也可以是持久的。重要的是，这些原则如何有效地统一团队的设计思想，并且引领创意的方向。在本书中，**设计原则指的是包含团队如何理解好设计之精髓，以及如何体现这一精髓之建议的共享指南**。换句话说，就是让你的机构或你的产品，对于什么是好的设计，有一致的标准。

无论你用什么样的方法打造这份指南，有效的指南通常具有以下特性。

2.1.1　设计原则是真实而贴切的

我相信你一定很熟悉这样的原则："简单""实用""令人愉快"。这样的话无处不在，我们在哪儿都能听到。尽管设计良好的产品无疑都遵循一套共同的原则（例如迪特·拉姆斯的设计十诫[①]），但是这样的特性应该是与生俱来的（在设计的时候就考虑到），就像可访问性、性能等关键点一样。

我无法想象一款消费类数码产品的设计原则是"复杂""无用""让人痛苦"。

指出你的产品应该是有用的、令人愉快的，这对你做设计决策没有多大帮助，因为这些特性可以用不同的方式来解释。弄明白这些词对你的团队和你的产品究竟意味着什么，才是对做设计决策有帮助的。创新究竟需要什么？什么情况下你的设计会被认为是**有用的**？你如何判定设计是否真的**令人愉快**？好的设

---

① 迪特·拉姆斯（Dieter Rams）是德国著名的工业设计师，他认为好的设计应当满足十条要求，这些要求被人称为"设计十诫"（The Ten Commandments of Good Design）。——译者注

计原则所定义的特性能以不同方式解读，但会将其放在特定的产品背景之下。

我们以 TED 为例。TED 的一条设计原则是"追求永恒，而不是追求潮流"。永恒这个词不光体现在 TED 的界面上，还体现在 TED 的整个品牌和设计方法上。这意味着他们不会为了追逐潮流而采用一项新的技术或引入一个新的设计元素。他们首先要服务于一个目标，服务于尽可能多的用户。对 TED 来说，永恒不仅让他们保持简单，还会提醒他们避免那些对用户没有实质好处的样式和功能。例如，如果某种视差效果并不能解决真正的设计问题，那么即使感觉非常流畅，他们也不会引入。

2.1.2　设计原则是实用的、可操作的

设计原则应该就如何帮产品解决设计问题提供实用的指导。下面我们对比一下 FutureLearn 的一条设计原则的两个版本。

简化。让产品尽可能简单，简单到几乎感觉不到它的存在！我们应该努力消除平台上的摩擦，为用户创造一种可自由地获取内容的体验。如果我们的平台让人很容易理解，那么人们就会更多地使用它。

这段话无可辩驳——没有人会认为我们不需要简洁实用的用户界面。不过，这段话并没有明确地指出"简化"究竟是什么意思，如何才能做到"简化"。不妨再看看另一个版本。

消除无用的部分。每一个设计元素，无论大小，都必须有一个目的，并遵循它所属元素的目的。如果你无法解释一个元素为什么要在那里，那么它便很可能不应该在那里。

在实践中，回答"是否足够简单"比回答"是否包含不必要的东西"要难得多。这是因为只需要浏览一遍界面，问一问每个元素存在的目的，就可以回答后一个问题。

如果想让设计原则更为实用，就不要让它们成为只是听起来不错的东西，而应该提供**可操作的建议**。你可以设想自己是在做这样一件事：一个新人加入了你的团队，你需要向他解释，在你的项目中做设计时最重要的五件事情是什么。

如果你告诉他"我们喜欢令人愉悦的界面。我们的界面一定要令人愉悦！"，可能对他的工作没有任何帮助。你需要说清楚令人愉悦究竟意味着什么，并分享一些在你的界面中用到了令人愉悦的元素的实际案例。

让我们来看几组让设计原则变得更为实用的例子。

模糊的设计原则："**明确**。"
实用的设计原则："**第一优先级只有一个**。什么是你希望用户最先看到的或最先用到的？"

模糊的设计原则："**简单**。"
实用的设计原则："**把界面做到牢不可破**。就像儿童玩具一样，确保用户可以随意探索，不会因为错误操作而崩溃。"[①]

模糊的设计原则："**有用**。"
实用的设计原则："**从需求开始**。如果你不知道用户需要什么，就无法做出正确的事情。去做调研，去分析数据，去与用户交流，而不是做假设。"[②]

但是，即便是文字极佳的原则仍然存在多种解读方式。只有将原则与应用原则的真实案例结合起来，才是最为实际的做法。

你可以去界面中寻找那些体现原则的地方，再将这个真实的例子同原则放在一起。你能否找到一个地方，它清楚地体现了"第一优先级只有一个"的原则？你能否展示一个模式，尽管有着丰富的交互，却真正做到了"牢不可破"？

---

① Pinterest 的设计原则。
② GDS 的设计原则。

2.1.3 设计原则是有观点的

设计是由我们所做的选择所塑造的。这个页面应该追求视觉效果，还是应该更具实用性？这里应该更活泼，还是应该更严肃？如果提升模块可用性的同时需要降低其灵活性，是否还要这样做？

要达成一些事项，我们常常不得不对人说"不"。即使需要考虑一些相互冲突的因素，好的设计原则也能帮我们确定优先级和平衡点。

我们来看接下来的这个例子。Salesforce 公司的 Lightning 设计体系的原则是"清晰、高效、一致、美观"。该体系强调，这些原则的优先级必须遵从以上顺序。"美观"不应该高于"高效"和"一致"，而"清晰"应该始终放在第一位。按照这种方式对原则进行排序，可以让团队在做设计决策时明确哪些东西应该优先考虑。

承认价值观的冲突，并给出平衡它们的建议，这是很有用的。Medium 的一个早期设计原则是"方向大于选择"。当他们设计编辑器的时候，常常提到这个原则。他们故意隐藏了各种格式选项，从而引导人们专注于写作（见图 2-1）。

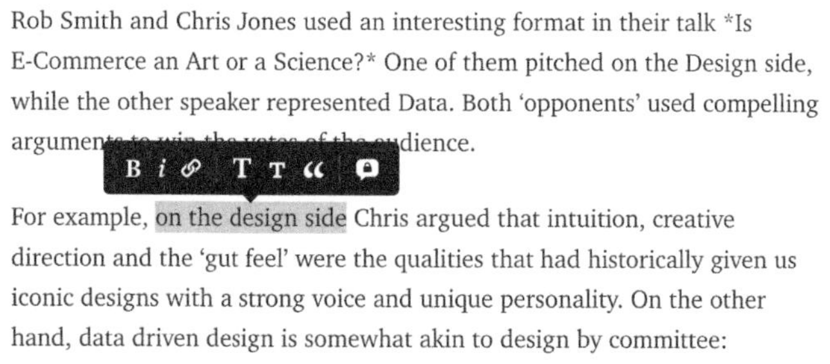

Rob Smith and Chris Jones used an interesting format in their talk *Is E-Commerce an Art or a Science?* One of them pitched on the Design side, while the other speaker represented Data. Both 'opponents' used compelling arguments to win the votes of the audience.

For example, on the design side Chris argued that intuition, creative direction and the 'gut feel' were the qualities that had historically given us iconic designs with a strong voice and unique personality. On the other hand, data driven design is somewhat akin to design by committee:

图 2-1　在 Medium 极为简化的编辑器里，只有少量几个选项可供选择。这清晰地体现了 Medium 的一个原则："方向大于选择"

好的设计原则不会试图涵盖一切。它们有态度，并积极地鼓励设计师拥有自己的观点。Dan Mall 在 *Researching Design Systems* 一文中对此进行了强调。

> 设计体系应该有态度、有观点，能让每一个使用它的人都得到创意上的指导。这些内容应该反复斟酌。否则，我们直接把 Material Design[1] 拿来用就完事儿了。"
>
> ——Dan Mall

2.1.4　设计原则是能产生共鸣、容易让人记住的

可以做一个有趣的试验：问问你公司里的人，你们的设计原则有哪些。如果没有人记得那些原则，那么它们多半是值得改进的。持续使用的原则才容易让人记住。它们应当在日常对话中经常被提及，在演示文档和设计批评中经常出现，在一切能用到它们的地方显示出来。当然，想要让设计原则被用起来，它们必须真的有用，具备前文描述的种种特性。

这样做，也有助于减少设计原则的数量。人的记忆力是有限的，一次性记住四件以上的东西往往很难。[2] 设计原则的最佳数量——如果你想让它们被用起来的话——是三到五条。在接受本书采访时，当 TED、Atlassian 和 Airbnb 的团队成员被问及他们的设计原则时，他们都能脱口而出，没有片刻犹豫，没有人表现出迟疑，没有人想要去翻看品牌手册里的原则内容。他们为什么能把原则记得这么牢固呢？因为他们的原则足够简单、实用、易于让人产生共鸣——而且，数量不多。

最为重要的是，团队成员都将它们作为日常工作的基础，用于制

---

① Material Design 是 Google 公司推出的一套高质量的设计体系。

——译者注

② 有关人类工作记忆局限性的更多内容，请参阅 Nelson Cowan 撰写的文章 *The Magical Mystery Four: How is Working Memory Capacity Limited, and Why?*。

定设计决策。Airbnb 公司的四条设计原则（"统一""通用""风格化的""对话式的"）便深深地扎根于其设计过程之中。

> 每当设计一个新的组件时，我们都会确保它**完全满足四条原则**。如果我们没有这一套原则，便很难就各种问题达成一致意见。我们希望保证界面里的每一小块都符合这些原则。"[1]
>
> ——Roy Stanfield，Airbnb 首席交互设计师

Spotify 公司的产品团队则为他们的设计原则创造了一个首字母缩略词"TUNE"（这四个字母分别代表"语调""易用""必要性""情感化"[2]），从而更方便记忆。在产品评审和质控环节看设计是否"in TUNE"已经成了 Spotify 设计过程的一部分。

让设计原则具备上述特性需要大量的时间、精力和团队合作，但这是值得的，因为设计原则是设计体系的核心所在。

2.2　定义原则

用五句话说清楚你的设计方法并不是一件容易的事。每个团队建立其设计原则的方法都不尽相同：有的会召开几轮研讨会，有的可能会征求 CEO 或创意总监的意见。不过，无论采取哪种方式，记住下面的提示总是有帮助的。

2.2.1　从目的开始

设计原则必须遵循产品的目的，传递产品的精神。如果你不知道从哪里开始着手建立设计原则，就先去看看公司的价值观或

---

① 出自 2016 年 8 月对 Airbnb 首席交互设计师 Roy Stanfield 的采访。

② 这四个词的英文分别是 tone（语调）、usable（易用）、necessary（必要性）和 emotive（情感化）。而"tune"一词本意为"音调"，"in tune"意为"在调上"，后文"in TUNE"为谐音，表示"符合 TUNE 原则"，简洁而巧妙。

——译者注

产品的愿景，然后再试着弄清楚怎样的设计原则有助于实现这些目标。

TED 网站的主要目的可以用一句话来表述："尽可能广泛地传播演讲。"因此，TED 网站的精神和价值观便是触及尽可能多的人群，降低使用门槛，让产品具有很高的兼容性和可访问性。这意味着优化性能和提升可访问性比添加华而不实的功能更重要，清晰的文案比大胆的设计更重要。他们设计原则中的"追求永恒"这一条便反映了这些内容。

2.2.2　寻找共识

如果你仍处在定义设计原则的阶段，那么一个有效的方法便是让团队的一些人或所有人（取决于团队规模）各自回答关于设计原则的问题。例如，在他们眼里，什么样的设计对你们产品来说是好的设计？他们将如何用既实用又易于理解的五句话向团队的新成员解释设计原则？

让他们为每一条设计原则找一个产品界面实例。

对比团队成员各自的回答，便能看出团队设计方法的统一程度。是否有很多重叠的部分？是否有共识？是否有不同的领域归于相似的原则？查看每个人的回答是一件有趣的事，特别是看团队新人和团队老成员答案的差异。当你有了原则但想进一步深化时，这些答案都是宝贵的资源，因为它们有助于找出共识、确立优先级。

2.2.3　面向正确的受众

如果搞不清楚设计原则是为谁写的，就一定会写出含糊不清的原则。你是为公司品牌手册写的吗？是为公司网站写的吗？是为职业网站写的吗？是为潜在的合作伙伴和客户写的吗？你应该首先为自己和同事而写，尤其是设计师、开发人员、内容编辑、营销专家、领域专家，也就是与产品的创建直接相关的人员。你们的目标应该是就"什么样的设计对你们的产品来说是好设计"这一问题达成粗略的共识，并提供如何实现共识内容的实操指南。

2.2.4　对原则进行测试和修订

随着产品不断演进，设计原则也会不断发展。设计原则会塑造设计语言，反过来设计语言也会影响设计原则。有可能设计原则在一开始非常宽泛和抽象，但随着时间的推移逐渐变得清晰和具体。也有可能它们一开始是明确的且重点突出，但随着时间的推移逐渐变得空泛并失真。为了持续改进设计原则，就需要不断地对其进行测试、评估和改进。只有在日常工作中使用它们，并有意识地这样做，设计原则才得以持续改进。例如，将设计原则作为设计批评的一部分，就能不断地测试它们是否对设计有帮助，如果没有帮助，就继续迭代。

2.3　从原则到模式

我作为设计师时，遇到的一个挑战便是如何将高层次的概念，如设计原则和品牌价值，物化为具体的用户界面元素。这些概念究竟是如何体现在我们所创造的模式之中的呢？

这一问题事关模式的选择与运用。对于 Medium 来说，富文本编辑器的功能必不可少，但将其做成什么样、做得多复杂，是不确定的。但是，在所有的可能性中，Medium 选择了最简单的一种，因为他们的原则中有一条是"方向大于选择"。

对于 TED 来说，信息的清晰比美观更重要。试图将每个演讲都提炼成一个短句可能很难，所以有时候标题可能很长。对标题进行截断是很容易的，但对他们来说，演讲信息的优先级是最高的。因此，他们没有选择相对容易的标题截断方案，而是确保他们的设计模式可以容纳长的标题（见图 2-2）。

图 2-2　TED 网站上的"英雄横幅"模式可以容纳长标题，这符合他们的设计原则

从品牌的角度来看，这种优先级的意识同样存在。TED 团队一直没有选择将主页改为一种充满图片的样式，直到他们开发出一种压缩工具，可以最大限度地减少这些图像对性能的影响。

对于 Atlassian 公司的产品团队来说，"乐观"原则体现在"乐观的界面"中。例如，在 JIRA[①] 中，当用户不得不将任务卡片从"进行中"移动到"完成"时，卡片可以立即移动，即时响应，哪怕这时在后台有大量的检查和验证工作要做，并有很多出错的可能。他们这样做，是为了通过一种友好的设计语言，体现"瞬间实用"原则。这种设计语言还体现在复制、反馈信息、入职以及网站的很多地方。

设计模式由产品运作方式的核心理念所决定。想想"透明、协作"的精神是如何融入到 Slack 的开放频道中去的，"捕获生活中的精彩瞬间"的概念是如何体现在 Instagram 的照片提要和

---

① JIRA 是 Atlassian 公司出品的一款广泛用于 IT 界的任务分配与问题跟踪软件。——译者注

交互方式里的，Trello 的卡片（一种源自经典的 HyperCard 系统的功能）是如何促进特定类型的工作流的。

模式的选择与运用以及对模式的独特组合，都受产品的目的、精神和设计原则的影响。可以将设计原则视为创建模式并以具有内在意义的方式组合它们的语法规则。

同样，随着品牌和功能性模式的发展和完善，它们反过来也影响了设计原则。原则和模式始终不断地相互影响，相互完善。

在第 3 章和第 4 章，我们将以实际的产品为例，更为详细地探讨设计模式。我们将讨论设计模式是如何出现的，以及它们是如何受产品的目的和精神、用户行为、品牌、业务需求以及其他各种因素影响的。

第 3 章

功能性模式

本章将讨论功能性模式的角色，以及为什么要在设计过程的开始阶段就定义好它们。

功能性模式是界面中有形的构件。它们的目的是让用户能够完成某种行为，或者激励用户完成某种行为。

在"十分钟烹饪"网站中，用户的行为包括在规定时间内挑选食材、选择菜谱并完成接下来的步骤。我们设计的功能性模式就是由这些行为决定的。功能性模式又称作模块，[①] 它们在很大程度上是由产品所属的领域决定的。比如，烹饪应用一定与财务软件大不相同，前者处理的模块是食谱卡片，后者则是任务条、数据字段、网格和图表。

功能性模式可以很简单，也可以组合成更复杂的模式。食谱卡片是由食谱标题、食物照片、食材图标和操作按钮构成的。卡片里的每一个模块都有其自身的目的：标题告诉我们这顿餐食是什么，图片提供了最终效果的预览，而食材图标则让扫视卡片变得更加容易。

总的来看，这些模块都有一个共通的目的：鼓励人们烹饪食谱上展示的食物。

随着产品的发展，模式也在不断发展。例如，我们可能会让用户对食谱进行打分，那么分数的显示就将成为食谱卡片的一部

---

① 在我看来，功能性模式这个词更加通用，并带有柏拉图式的理想主义色彩，而模块是功能性模式的表现形式，不同界面的模块各不相同。

分。又如，我们可能认为卡片的布局需要改进、食材的图标需要更加明确或者需要设计一种紧凑版的卡片样式。我们不停地对模式进行测试和迭代，希望它们更好地实现各自的目的，或者说更有效地激励用户行为。

在设计过程的开始阶段就阐明模式的目的，能避免在产品发展过程中做重复性的工作。一开始，这样做似乎并不值得，毕竟，早期的产品可能变化很快，难以顾及界面的每个部分。但是，核心的功能性模式真的会有很大变化吗？下面，我们以FutureLearn 为例，看看它的界面在第一版设计之后的三年里面是如何演变的。

3.1 模式演变，行为不变

FutureLearn 自 2013 年由英国开放大学创立以来，其愿景始终是"通过讲故事、激发对话和庆祝进步来激励每个人学习"。为了实现这一点，我们至少要让人们能够发现并加入在线课程，进而激励他们进步，并让他们在学习中感到兴奋、有成就感。这个愿景打造了 FutureLearn 最初的功能性模式。

FutureLearn 的课程按单元排列，并形成了一个线性的流程，一一相连。在界面上，这种结构就转化成了周视图。每个星期分为一些活动，每个活动分为几个步骤。课程进度模块（见图3-1）是一个核心的功能性模式：它让学员能浏览课程内容、显示他们的进度以及当前上到哪一课了。

图 3-1 FutureLearn 的课程进度模块

在三年的时间里，这些模式也发生了一些变化。它们的风格，甚至功能和交互方式，都有变化。然而，它们的目的基本保持不变，因为这与 FutureLearn 如何运转的核心理念有关（见图 3-2）。

图 3-2 "待办事项"页面在三年时间里经历了好几次修订，但核心模块的目的始终没变

类似地，FutureLearn 的讨论区模块也随着时间的推移而有所变化（由于参与的人数变多了）：讨论主题的布局、交互方式以及过滤功能都有变化，但它们的核心目的——让学习者参与对话，让他们相互学习——基本没有变化（见图 3-3）。

图 3-3 讨论区页面在设计完成后经历了几次迭代，但核心模块的目的没有变过

用于展示课程详细信息的核心模块在三年里也变化了，让用户在向下滚动页面之前能看到更多的课程列表（见图 3-4）。与上

文提到的类似，这一模式的目的——让人们能发现他们感兴趣的课程并加入进去——并未改变。

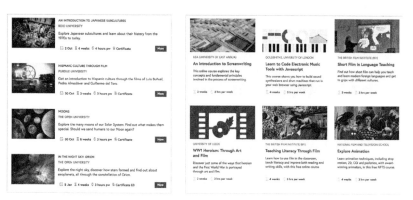

图 3-4　过去几年里课程列表变化了，让用户能看到更多的课程列表

由于时间限制和优先级的问题，很多核心的功能性模式在一开始都没有定义好，这在项目早期经常发生。随着 FutureLearn 界面和功能的发展，产生了重复的模式。于是我们有了多个课程进度模块、多种评论模块，以及一些不同的课程区域和课程卡片。这或许难以完全避免，但有没有可能部分避免呢？

如果不在团队中定义并共享模式，就会为相似的目的反复构建新的模式，于是便有了另一个促销模块、另一个新闻动态、另一组分享链接、另一个下拉列表……在你没有意识到问题之前，就已经得到了 30 种不同的产品展示和弹出菜单。

模式是我们试着通过界面，让用户能够完成某种行为或激励用户完成某种行为的物理体现。它们的执行、内容、交互方式和显示效果可能会变（实际上模式甚至不必是可视的——它们可以通过声音读出或者其他方式体现出来），但它们所鼓励的核心行为保持相对稳定，因为这是植根于产品目的及其工作原理的。牢记关键模式的目的，有助于了解设计体系的运转方式，防止设计体系在发展过程中碎片化。

3.2　定义功能性模式

在设计过程的早期，定义模式不需要花费很多时间。有些技术可以轻松地集成到设计过程中。下面便是其中一些非常有用的技术。

3.2.1　创建模式映射

为了确定客户的需求、目标和动机，你可能做了客户体验映射、JTBD[①]或其他一些类似的围绕客户旅程展开的实践。这些做法的产出物则成了早期设计探索和原型设计的基础。基于这一点，我们很清楚我们想鼓励用户完成的行为：了解课程、加入课程、参与讨论。

但我们一旦专注于界面，有时就会陷入细节之中。我们花费大量时间设计令人印象深刻的页眉，却忘了它的作用，忘了它在用户轨迹的不同阶段是如何影响用户的。换句话说，我们没有将用户行为与鼓励或支持这些行为的确切模式关联起来。

要了解你的模式如何适应更大的图景，请试着将一些核心模块映射到用户轨迹的各个部分。

想想每个部分的作用及其所鼓励的行为。此时无须操心单个图标或按钮，而是要放眼全局：了解系统的各个部分以及它们是如何相互协作的。对 FutureLearn 来说，就是关注三个主要的方面：发现内容、学习课程、实现目标（见图 3-5）。

---

① JTBD（"Job to be done"，即"待完成的工作"）是一项练习，它帮助你关注使用产品或接受服务背后的潜在动机，而不是产品本身。例如，尽管客户说他们买一台割草机是为了"割草"，他们更根本性的目的可能是"始终保持草低矮，看着漂亮"，这可能意味着割草机并非首选。

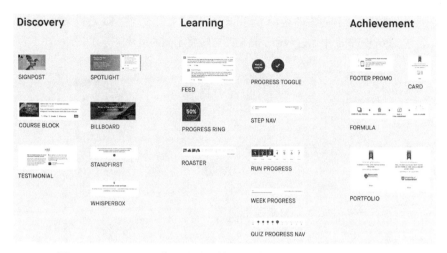

图 3-5　FutureLearn 的一些功能性模式被映射到用户轨迹的三个关键阶段

我在脑中记着这张映射图，这有助于**我将模式理解为具有相同目的的多个系列**，而非单个页面。例如，设计"发现"模块的时候我会将其视作一个整体，而不是仅仅当作课程列表页面来设计。

哪些行为是在用户轨迹的当前阶段需要去鼓励的？哪些模式可以支持这些行为？网站上还有哪些地方有这些模式，以及它们在那些地方是如何运转的？一个新的模式如何服务于整个设计体系？思考上述这些问题，是系统性地开展设计工作的一部分。

3.2.2　打造界面清单

Brad Frost 提出的界面清单流程已经成为一种流行的界面模块化方法（见图 3-6）。这种方法的思想很简单。首先，你可以把界面打印到纸上，或者将它们放入 Keynote 或 PowerPoint。[1]

---

[1] Keynote 和 PowerPoint 分别是 Apple 公司和 Microsoft 公司推出的演示文稿制作工具。——译者注

然后，你便可以将各种不同的组件剪下来，或者在 Keynote 或 PowerPoint 中通过剪切、粘贴的方式将不同的组件区分开来。

图 3-6　一份界面清单（这里仅展示了一部分交互元素）

最终，这些组件形成了不同的分类——导航、表单、标签页、按钮、列表等。通过这一过程，你能看出哪些模式是重复的，并发现需要留意的问题区域。当你发现你有几十个页眉或弹出菜单，便会开始思考如何构建规范。

界面清单不一定包含所有的内容（尽管你所做的第一个清单应当是全面的）。它可以一次仅关注一组模式，如促销模块、页眉或者所有产品展示模块，也可以专门针对排版、配色或动画等制作界面清单。

为了保持最佳效果，应该定期维护界面清单。即便你的团队已经维护了一个模式库，新的模式也会出现，需要放入整个设计体系。如果你养成了每隔几个月就维护一次界面清单的习惯，每次做这项工作就只需要花几个小时而已。而且，每次你这样做的时候，都会让你更好地理解你的设计体系并改进它。①

———————————

① 在第 7 章和第 8 章中，我们将深入探讨界面清单流程，从设计体系的目的开始，直到最小的模式（如图标和配色）。

3.2.3　将模式视为操作

要理解一个模式的目的，需要关注它的作用是什么，而不是你认为它是什么。换句话说，要试着找到最能描述其行为的操作。用动词而非名词来描述模式，有助于扩展模式的潜在用例，并更准确地定义其用途。

设想你有一个简单的推广在线课程的模块（见图 3-7）。当你试着描述它是什么的时候，可以将其称作"图像标题"或"课程横幅"。

图 3-7　FutureLearn 上推广在线课程的 UI 组件

但是用这种方式描述模式，就过于局限于其呈现和内容了，最终容易将模式的使用范围限制在特定的上下文中。相反，如果根据操作——从用户角度及你自身的角度——来定义模式，便可以发现它的目的："推广课程"（对你而言）/"发现课程"（对用户而言），"从课程中受到启迪"（对用户而言）/"鼓励人们加入课程"（对你而言）。

通过关注操作，可以将模式与行为联系起来，并兼容各种不同的用例。上面的这个模式除了推广课程还能推广什么？在线讨论区？还是一场新的活动？你给它起的名字也能反映这一点。在这个例子中，我们最终将模块命名为"广告牌"（Billboard），以反映其注重操作的推广功能。

3.2.4　描绘模式的内容结构

要对模式的工作方式达到共识，请描绘其结构：让模块能够有效运行的核心内容。

无论是处理新模块还是重构现有模块，设计师、开发人员和内容策略师都可以一起来完成这件事。首先，列出让模块能够有效运行的核心内容元素。例如，你们可能都能认可界面中像"广告牌"这样的推广模块需要以下内容：

❑ 标题
❑ 强烈的行动召唤
❑ 吸引眼球的背景（无论使用纯色还是图像）

接下来，试着确定元素的层次结构，并决定如何对它们进行分组。例如，图片是内容的一部分吗？标签页是一定要有的吗？在这样做的同时，可以画一些草图，从而让结构变得可视化。

为了让你了解它可能的样子，图 3-8 是 FutureLearn 上课程列表项模块的内容结构的例子。

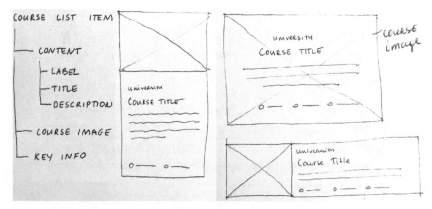

图 3-8　FutureLearn 上课程列表项的内容结构的例子

此时你可能会想："这不就是一个草图或线框图嘛。这种事我一直都在做啊。"但实际上这有点不一样。这是专注于模块内容结构、元素层次结构和分组的草图。

一旦对模式的结构有了共识，就很容易确保模块的设计方式反映在标记中。设计师负责视觉上的探索，而开发人员则开始整理原型（或者两者都可以做原型，这取决于具体的工作方式）。设计师知道在模式的不同阶段，他们可以将视觉设计推进到什么程度。开发人员了解设计选择的原因，并且不会让意料之外的设计被扔到墙上。

还有一个例子。过去，在 FutureLearn 网站上曾有四个不同版本的社交消息流模块分布在不同的地方，包含两个版本的"评论"、一个"回复"和一个"通知"（见图 3-9）。

图 3-9　FutureLearn 上四种不同版本的社交消息流模块

虽然这四个模块乍看之下很相似，但它们没有统一的样式。也就是说，如果修改其中的一个，其他的三个不会同步改变，从而造成间距、排版等方面的视觉差异。对这四个模块进行拆解，绘制它们的结构（见图 3-10），能让我们看出它们是否可以统一成一种模式，是否可以设计出一种兼容四种用例的模式。[①]

_____

① 在第 8 章中，我们将更加详细地讨论什么时候需要统一模式，什么时候需要拆分模式，什么时候需要创建变体。

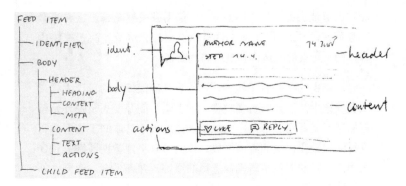

图 3-10　FutureLearn 上"信息流项目"模块的内容结构

从这些例子可以看出，内容结构与模式的目的是密切相关的。了解模块的结构有助于理解模块的工作原理。

3.2.5　按某个维度排列模式

可以试着将相似的模式按照某个维度排在一起。例如，你的系统中可能有一些推广性的模式，其强度各不相同。与第 1 章提到的视觉音量表类似，推广模块也可以相互比较（见图 3-11）。

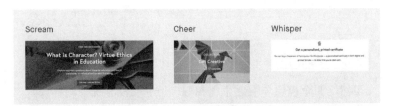

图 3-11　推广模块可以排列在假想的视觉音量表上

在某个维度上排列模式有助于确保对它们的使用是恰当的，不会在整个系统中争夺注意力。这样做还有助于防止不必要地重复创建模块，因为你可以看到何时已经有了"音量"的模块。

另一种思考方式是想象你的界面不是可视的，而是可以通过声音读出来的。这个声音什么时候需要增大音量并改变语调？思考如何通过模块内元素间的相互关系和层次结构，完成对音量和语调的视觉表达。当然，这样做还有助于提升对屏幕阅读器[①]的可访问性。

3.2.6　将内容视为假设

有这样一个悖论：我们希望设计是内容优先的，同时又希望建立足以适应任何类型内容的模块。为了解决这一问题，一种方法是，不一定从内容开始，而是从目的开始。这样，我们便不会将内容视为已知的资源，而是视为一种**假设**（hypothesis）。这样做能检测出我们是否已经定义好了模块的目的，以及我们的设计是否符合这一目的。

假设我们有一个用于展示产品特性的模块（见图 3-12）。

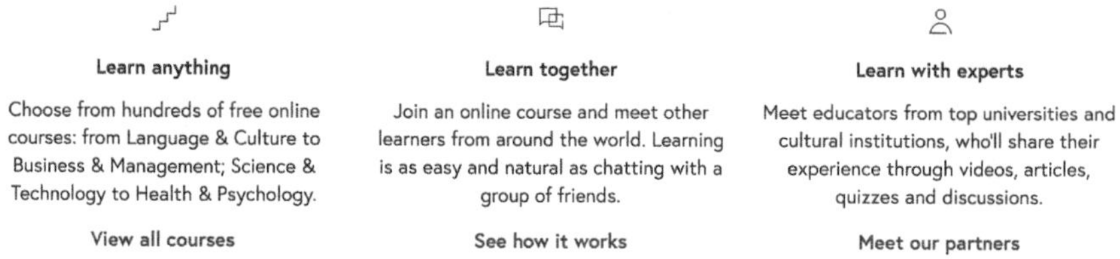

Learn anything

Choose from hundreds of free online courses: from Language & Culture to Business & Management; Science & Technology to Health & Psychology.

View all courses

Learn together

Join an online course and meet other learners from around the world. Learning is as easy and natural as chatting with a group of friends.

See how it works

Learn with experts

Meet educators from top universities and cultural institutions, who'll share their experience through videos, articles, quizzes and discussions.

Meet our partners

图 3-12　用于展示产品特性的模块的例子

我们可以将其目的定义为"通过一些额外的、方便扫描的信息，支撑主要的信息"。这里的"一些信息"可以是关键的特性、简短的建议或便捷的操作步骤。我们可以为符合这一假设的内容（简洁、可扫描、补充性，而非页面上的主要内容）构建模式，再对其进行检测。

如果内容总是不能匹配此模式，通常是由以下三个原因中的一个或多个引起的。

---

① 屏幕阅读器（screen reader）是用于将界面上的文字等视觉内容转化为语音的软件，从而帮助视障人士和阅读障碍者获取内容。——译者注

□ 我们没有正确地定义模式的目的。请试着重新去理解模式是用于支持哪些行为的。

□ 我们设计模式的方式并不是最能反映其目的的方式。请为此模式尝试其他的设计。

□ 我们试图将内容强行放入不合适它们的模式。请考虑修改内容，或尝试其他模式。

如果我们的工作从一开始就没有考虑目的和结构，最终我们得到的模块就会与内容联系太紧密。我们在 FutureLearn 中有这样一个例子，一些介绍性的内容将重要的标签页挤到了可见区域的下方（见图 3-13）。

图 3-13   一个脆弱模块的例子，它的内容过于具体

标签页是需要保持可见的。为了解决这个问题，我们想过减小标题的字号，从而让标签页得以稍微往上移动一些。但如果我们这样做了，我们得到的便是一个不够稳健的模块。

如果标题变得长，或者我们还需要添加更多的内容，我们就会再次遇到同样的问题。但如果我们从一开始就考虑到模块的目的和结构，标签页便很可能放在顶部，因为它们是这个设计里面的重要元素。

以上这些仅仅是你在界面中定义功能性模式时可以尝试去用的一些工具和技术。但最重要的是，你需要了解模式是如何与它们最初所设定的行为关联在一起的，也就是它们的目的。

目的决定了其他的一切：模式的结构、内容及呈现。了解模式的目的（也即了解需要达成或激励的行为），可以帮助我们设计和构建更加稳健的模块。

这样做可以帮助我们知道一个模式在应用之前有多少可以修改。这样做为整个团队提供了一个共同的参考点，并将模式与原始的设计意图联系在一起，从而减少了重复的情形。牢记目的还会让检测模式的有效性变得更加容易。

如果说功能性模式是界面中的组件，那么感知性模式则更像是样式——描述组件是什么**类型**的，给人的感受是什么样的。下面，我们将详细探讨感知性模式。

第4章

感知性模式

本章将讨论感知性模式如何工作，以及它们在设计体系中的角色。

设想我们两个人各有一套房子，且这两套房子都有以下这些家具：一张桌子、几把椅子、一张床和一个衣柜。不过，虽然都有这些家具，但这两套房子给人的感觉截然不同：可能是因为家具的样式、材料、颜色、纹理不同，或者是床罩的布料、装饰品的样式、房间的布局和灯光，甚至是房间里播放的音乐不同。上述这些属性便称作**感知性模式**。正是因为它们，可能你的房子就像是一个波西米亚风格的小窝，而我的房子就像是一个仓库。①

数字产品感知性模式的例子包括语气、排版、配色、布局、插图与图标样式、形状与纹理、间距、意象、交互或动画，以及这些要素在界面中的组合和使用的具体方式。

感知性模式总是有的，哪怕没有刻意去设计。即便是纯工具应用，也需要具有美感。

有时，人们将这样的特性视为产品的样式，或称作皮肤，也就是最外面的一层。但要想取得成效，它们必须不仅存在于表面，还必须存在于**品牌的核心**，并随着产品的发展而发展。只有这样，感知性模式才会成为让产品脱颖而出的强大力量。

---

① 在我去一些地方的时候，这种思维方式会让我的整个经历变得截然不同。无论是在咖啡馆，在新城市，还是在野餐的地点，我总是喜欢思考一个地方给人的感受，并试着寻找能营造这种氛围的模式。

4.1　感知性模式的作用

4.1.1　感知性模式有助于传递品牌形象

同一领域的产品，哪怕具有相似的模块，它们给人的感觉也是不一样的。为了写这本书，我尝试了几十个功能相似的文字处理软件，其中只有少数几个（包括我现在正在用的）能提供那种让我专注并保持高效的写作环境。[①]

我在用的这个软件，设计清爽明快，让人免于打扰，把焦点放在重要的事情上，例如文档大纲的显示方式，还有当我接近"写作目标"时逐渐变绿的小圆圈。这种环境是由一些特定的模式组合起来的，尽管乍看之下不容易确定有哪些模式。

我们来看另一个例子：Spotify。我感觉它是温暖的、私人的。在这个拥有超过 1 亿月度活跃用户的数字音乐服务的界面中，创造亲密氛围的模式究竟是什么？除了功能以外，这主要归功于图像样式、颜色搭配（尤其是绿色和黑色的比例）、交互中微妙而平静的感觉，以及排版上的选择（见图 4-1）。[②]

与之相反，*Smashing* 杂志的个性是俏皮、富含创意、开放热情、稍微有些不同寻常。而这一个性是通过另一套完全不同的模式传达出来的——从大胆的配色和插图，到界面中一些细节的呈现，例如让一些界面元素倾斜一定角度（见图 4-2）。

---

① 想知道我在用的是哪个软件吗？答案是 Ulysses。
② Spotify 的愿景"每时每刻都有对的音乐"及设计原则"情感化"与这些感知性模式所创造的感觉都是吻合的。

图 4-1　Spotify 的亲密氛围是一系列感知性模式（如微妙的交互、
　　　　柔和的意象和着重呈现的颜色）结合在一起的结果

图 4-2　新版 *Smashing* 杂志网站的个性由一系列感知性模式传递
　　　　出来——从排版上的处理，到倾斜的图像和图标

感知性模式通过界面传递品牌，并让品牌被人记住。看下面的
图片（见图 4-3），你能认出它们代表哪些产品吗？

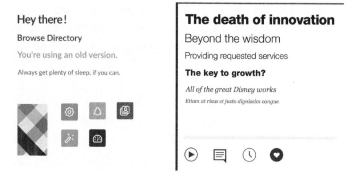

图 4-3　你能认出这两张图分别代表什么产品吗

这两张图里面并没有太多的信息，你只能看到排版的样式、一些图形和颜色，以及一些图标。然而那些视觉上的线索极具辨识度，所以你仍然很有可能看出它们分别属于什么产品（即 Slack 和 TED）。这些视觉元素通过有意识地反复使用，便形成了模式，这就是为什么我们可以在没有上下文的情况下认出它们。

我们的感知不仅受到一些构件（如调色板、字体）的影响，还受它们之间关系的影响。仅仅使用模块中的标题和颜色是不够的。我们还应该意识到，是哪些独特的比例和组合使产品具有某种感觉的。颜色之间有关系吗？图像与排版之间有什么关系？排版与间距之间有什么关系？

TED 的用户体验架构师 Michael McWatters 在接受采访时提到，红色以正确的比例出现对于 TED 品牌是非常重要的。他说："红色应该谨慎使用。如果用在错误的地方，或者用得太多，就会变得不像 TED 了。"[1]

4.1.2　感知性模式让系统更为连贯

在模块化的系统中，想要做到视觉上的连贯统一可能是一件很

_____

[1] 出自 2016 年 8 月对 TED 用户体验架构师 Michael McWatters 的采访。

棘手的事情。模块是由不同的人根据不同的目的创建的。而由于感知性模式是渗透到系统中各个部分的，因此它们可以将系统的不同部分**连接**起来。如果这种连接是有效的，那么用户就会感受到模块之间的统一性。

看看 Vox 和《卫报》是如何用感知性模式将不同的元素整合在一起的（见图 4-4）。在 Vox，醒目的图像上覆盖着大大的标题、清爽的字体和宽大的留白，传递出一种生活杂志的感觉——宽敞、非正式、甚至有些叛逆。相比之下，《卫报》的排版、间距、图像和配色则营造出更密集、更可靠的感觉，这更适合于严肃的稿件。[①]

图 4-4　Vox（左）和《卫报》（右）网站截图

不仅模块之间可以连为一体，不同平台和不同上下文之间也可以产生这种连接。针对特定平台的标准（如 Material Design）对如何设计和构建模式给出了相当权威的观点。当公司严格遵循原生平台惯例时，便会非常依赖于感知性模式，以使产品成为同一品牌的一部分。

---

① 这些截图是在 2017 年 3 月截的。几个星期后，Vox 将他们的设计改得更加密集，给人报纸般的感觉，更加"可信"和"漂亮"。

有时候，即便是最小的东西也有助于建立联系。对于 Twitter 来说，尽管它的 Web 应用、原生应用和第三方平台应用之间存在差异，但是像心形"Like"（喜欢）这样的交互细节是统一的，这有助于传播 Twitter 的模式语言 (见图 4-5)。

图 4-5　这是 Twitter 于 2015 年推出的心形动画的定格画面，当时出现在 Twitter 的 Web 应用、iOS 应用、Android 应用、Windows 应用以及 TweetDeck 客户端等

4.2　探索感知性模式

如果说功能性模块反映的是用户需要且想要的内容，那么感知性模式关注的则是他们直观的感受或行为。感知性模式并非来自用户的行为和操作，而是产品尽力打造的个性和营造的氛围带来的产物。

在《网站情感化设计》[①] 一书中，作者 Aarron Walter 提出了一个简单的方法，通过创建"设计角色"捕捉产品关键的个性品质，这个角色体现了团队希望在其品牌中包含的特征。作者 Walter 还建议根据真实的人物创建设计角色，以免过于抽象。如果这比较难，我还有个简单一些的方法，就是构想一个地方及其氛围，而不是设想某个人的个性特征。例如，能

---

① 该书与另一本小书合并译作《网站情感化设计与内容策略》，由人民邮电出版社于 2014 年出版。——译者注

将注意力放在书写上的氛围而非令人放松的社交环境，会是什么样的呢？

无论你是以某个人还是以某个地方作为出发点，最终的目标都是得到一些最能表现你品牌的特征以及需要避免的特征（Walter 建议一共五到七个）。对于 MailChimp，这些特征便是"有趣，但不幼稚；好玩，但不傻；强大，但不复杂；时尚，但不异类；灵活，但不随意"。[①]

接下来，团队便可以选择如何将这些特征反映到界面中去了：语气、视觉元素、交互、声音等。对于 MailChimp 来说，视觉上的感知性模式（Walter 称作"视觉词典"）包括明亮但稍不饱和的配色、简单的无衬线字体、包含柔和细腻纹理的扁平界面元素，等等。

以下是一些有助于探索感知性模式的流行技巧。

4.2.1 情绪板

情绪板是探索不同视觉主题的绝佳工具。可以使用数字化的方式创建情绪版（Pinterest 便是一种用于创建数字化情绪板的常用工具），也可以将杂志或其他印刷材料剪下来，在大白板上进行实体组装。

有些人使用情绪板来研究当前趋势或收集想法，有些人则用它们来探索他们品牌可能呈现的调性。情绪板上的素材可以是广泛的，也可以局限于品牌某些特定的方面，如配色或排版（见图 4-6）。

---

① 这一段取自 Aaron Walter 的《网站情感化设计》一书，同时收录于他的文章 *Personality in Design*。

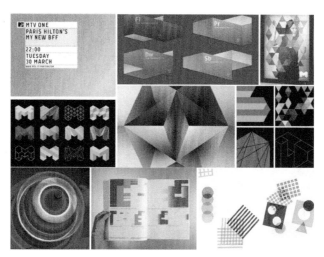

图 4-6　探索色彩和渐变的情绪板的例子

4.2.2　样式叠片

定义好了大致的品牌方向之后，便可以使用样式叠片来更加细致地探究多种可能性。样式叠片的概念（见图 4-7）由 Samantha Warren 提出，他将其定义为"由字体、颜色等界面元素组成的能传递 Web 视觉品牌精髓的设计交付物。"

图 4-7　美国华盛顿州检查长 2012 年竞选网站（图片由 Samantha Warren 提供）

和情绪板一样，样式叠片可以为用户和产品团队提供有价值的讨论点，并呈现他们对特定设计方向的初始反应。把不同的样式叠片放在一起比较，有助于准确地找到设计方向。

4.2.3　元素拼贴

在样式叠片的基础上，Dan Mall 提出了元素拼贴的想法（见图 4-8），就是将界面元素拼贴在一起，探索品牌在界面中的表达方式。作为一种设计交付物，一方面，它们比样式叠片更加具体和有形，另一方面，它们又不会像完整的原型图那样导致太高的设计期望。元素拼贴探索的不仅是大体的品牌方向，还包括品牌是如何通过界面表达出来的。

图 4-8　RIF 网站的元素拼贴

以上这些技术之间的差异并不那么明显，可以混着使用它们。对我来说，它们的区别主要在于保真程度的差异。情绪板较为宽松和开放，它们结合不同来源的现成材料，营造出一种视觉感受。样式叠片和元素拼贴更侧重于特定的产品，以及模式在界面中的实际应用。元素拼贴在三者中保真程度最高，可以作为构建完整原型的基础。

4.3 迭代与改进

将样式集成到产品的过程中，样式的演变还将持续。在更为真实的界面设置中，使用模块和交互，进行品牌上的尝试，对感知性模式和功能性模式的改进都是有益的。这是典型的迭代过程，不同的模式相互影响，直到最终设计语言得以成形。

我们来看看 FutureLearn 的样式是如何演进的。图 4-9 展示了 Wolff Olins 设计公司对 FutureLearn 品牌最初的尝试。尽管他们捕捉到了 FutureLearn 想要表现的一些个性（最小化、大胆、明亮、积极、畅快），但后来随着时间的推移还是产生了一些发展变化。

图 4-9   FutureLearn 最初的品牌尝试

几个月后，FutureLearn 的内部设计团队收到视觉效果时，核心的感知性模式是这样的（见图 4-10）：

图 4-10　FutureLearn 的元素拼贴

将模式应用到它们需要存在的实际环境中，它们就必须变得更加具体、实用、接地气。下面是 FutureLearn 的图标样式如何从最初的概念演变成现你在网站上所看到的样子的（见图 4-11）。

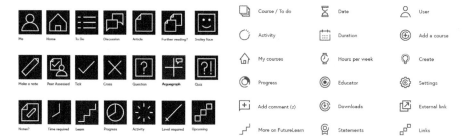

图 4-11　（左）Wolff Olins 设计公司最初的设计演变成了（右）
　　　　　FutureLearn 设计团队最终给出的方案。两套图标之间的
　　　　　差异体现了学习的过程永未止步

在品牌发展的概念阶段，重要的是拓宽视野，而不是担心细
节。但当我们开始将概念落实的时候，就必须对它们进行改
进，以适应它们所处的新环境。这时，工作的重点便从开放式
探索转向了精细化、一致化。

在这个阶段，既要发展品牌，又要保持模式的一致性是一件很
有挑战性的事。FutureLearn 的创意总监 Lucy Blackwell 曾说
过："当你专注于产品一致性的时候，打造产品质感的一些重
要的细微之处就有可能会丢失。"

4.3.1　平衡品牌性与一致性

产生太多的例外会削弱品牌性，同样，过分关注一致性也会扼
杀品牌性。矛盾在于，让设计达到完美的一致性无法确保它依
然具有很强的品牌性。有时，这样做反而会削弱品牌性——在
一致性和统一性之间存在着细微的差别。

在 FutureLearn，我们有七位设计师在不同的环节中工作，因此，
我们不得不建立流程，让我们的设计工作具有很高的可复用性和
实用性。但在网站的某些版块，我们发现自己过于关注可复用
性，造成了对品牌性的削弱。图 4-12 是课程页面的演变情况。

图 4-12　（左）2015 年 FutureLearn 课程页面；（右）2016 年底的
　　　　　 FutureLearn 课程页面

让设计更加实用、清晰、有条理是有意义的。这样做对搜索引
擎优化和指标有益，而且能让网站上的页面更加一致。但与此
同时，这样做会丢失某些产品设计初期的独特视觉特性。虽然
对于网站的某些部分，我们接受这一变化，但在其他地方，特
别是品牌营销活动页面，我们开始尝试能增强品牌性的设计。

如果一个设计体系过分追求完美的一致性，那么它就会变得普
通、僵化。发展感知性模式需要为设计师赋予打破常规的权
力，鼓励设计师积极地探索更多的可能性。好的设计体系能在
品牌的一致性和创造性表达之间取得平衡。

4.3.2　标志性时刻

即便是最小的细节也能体现感知性模式的存在。Dan Saffer 在
其《微交互》[①]一书中创造了"标志性时刻"这一术语，用于指
代那些让产品有差异化的小交互，例如"优雅的加载动画或吸
引人的声音（'你有新邮件了！'）"。如果标志性时刻是有含义
的或者背后有故事的，它们就会显得尤其强大。例如，在 TED

---

① 此书已由人民邮电出版社出版，详见 http://www.ituring.com.cn/book/1223。

——编者注

网站上点击播放按钮时的涟漪效果（见图 4-13），其灵感就来源于其视频介绍中标志性的水滴动画。

图 4-13　TED 视频介绍的水滴动画映射了播放按钮的涟漪效果

在数字产品中，标志性时刻并非强制要求，一些团队很难对其进行优先级排序。[①] 但是，小的细节可以为用户体验增加深度和意义。当我们为设计的系统化和结构化努力的时候，需要留意那些能让产品与众不同的细节。在构建设计体系的时候，一定要为创造和发展这些时刻而留足空间。

4.3.3　小规模试验

我们如何为创造性探索留空间呢？我们如何将新的样式引入设计体系呢？根据我在 FutureLearn 的经验，先进行一些小规模的试验是一种相当有效的做法。如果某些元素的效果很好，我们就逐渐将它们集成到其他界面中去。

例如，在学习者完成一个步骤时，我们感觉纯功能性的切换按钮缺乏庆祝和成就的感觉。于是，我们用带有圆形样式、弹跳动画以及勾号图标的按钮取代了先前的按钮（见图 4-14）。

虽然新的按钮样式受到了学习者们的好评，但它与设计体系的其他元素格格不入。后来，我们开始在网站的其他地方应用圆

---

① 关于设计微交互并将其集成到产品中的实用建议，请参阅 Dan Saffer 的《微交互》一书。

形图案、弹跳动画和勾号图标。如果不这样做，那么整个设计
体系给人的感觉就是割裂的。

图 4-14　（左）FutureLearn 上早先的进度按钮；（右）FutureLearn
　　　　　上重新设计的按钮

我们偶尔会在营销性质的地方（如主页、活动页）尝试新的模
式。过去，FutureLearn 的品牌主要采用方形。在重新设计主页
时，我们引入了三角形的图案。从那以后，其他设计师开始将
其应用于其他地方，如图像样式和证书设计，这种模式也得到
了加强（见图 4-15）。

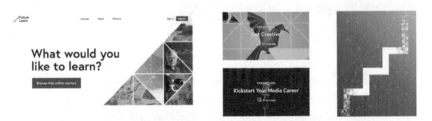

图 4-15　（左）一开始,在主页上使用三角形的试验并不出奇,（右）
　　　　　但当其他设计师开始采用这种模式并将其应用到他们的
　　　　　项目中之后，这件事就有了新的意义

在尝试三角形图案的时候，我们曾担心它们与 FutureLearn 本身
的方形样式不相容，不过，我们还是想试一试，看看可能发生
什么。后来我们发现，虽然三角形能与品牌性相容，但也必须
谨慎使用。仅能将它们用作探索和营销页面的视觉增强，而不
能在课程学习体验页面上使用。

在探索新样式的时候，请先在网站的一小块区域进行试验。打

破常规的时候要格外小心，留意那些设计体系之外的模式，以及尝试这些模式的原因。如果它们起作用，就将它们应用到网站的其他区域，逐渐将它们融入设计体系。对于它们所承担的角色，需要格外小心。在 FutureLearn，三角形用于创建动态效果，圆形则通常与勾号图标一起使用，为进度的完成发出更为积极的信号。

4.3.4　平衡品牌和业务需求

由于感知性模式有时仅被当作样式或者装饰，因此改变它们常常比改变其他东西（如交互流程）更容易一些。在这种情况下，临时业务需求便可能导致引入不符合品牌的元素。例如，我们想让学习者知道新课程的开始时间，便在课程缩略图上添加了黄色飘带（见图 4-16）。

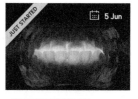

ANTIQUITIES TRAFFICKING AND
ART CRIME
UNIVERSITY OF GLASGOW

GOOD BRAIN, BAD BRAIN: DRUG
ORIGINS
UNIVERSITY OF BIRMINGHAM

IMPROVING YOUR IMAGE
UNIVERSITY OF BIRMINGHAM

PALLIATIVE CARE
LANCASTER UNIVERSITY

TALKING ABOUT CANCER
CANCER RESEARCH UK

THE INTERNET OF THINGS
KING'S COLLEGE LONDON

图 4-16　FutureLearn 上带有 "Just started"（刚刚开始）字样的飘带用于突出显示最近开始学习的课程

尽管这个飘带从品牌的角度上看并不完美，但在当时课程数量不多的情况下，这并不是问题。我们没有想到的是，短短几个月内，课程数量猛增，于是课程模块的平衡感被打破了。这个页面开始变得花哨，感觉像是一个营销页面，而这是我们在 FutureLearn 品牌中尽量避免的感觉。然而，由于这被视为样式的一部分，所以优先级不高，于是需要花费很长时间来解决。

无论我们如何保护品牌，这些事情都会发生——新的需求需要定制化的模式以及一次性的调整。如果我们没有意识到这些，那么这些例外之处就有可能削弱品牌性。

4.4　标志性模式：团队练习

有时候，哪怕一个小小的改动也会影响感知。在 FutureLearn，我们曾用圆形替换了课程进度模块中的方形，却发现这样做会彻底改变界面的感觉。要控制一个事物给人的感觉，就需要了解影响它的确切模式。

你不妨在团队中做一个快速练习。让每个人写下产品中最独特的感知性模式。鼓励他们超越配色、字体这一层次，考虑更高级别的针对品牌的原则、组合和处理方式。不仅要想到元素，还要考虑到它们背后的含义——它们描绘的图景和讲述的故事。在 FutureLearn 的界面中，这样的模式包括以下这些：

- ❑ 积极的、鼓励性的语气
- ❑ 主要用白色，并用粉红色强调
- ❑ 大面积的留白
- ❑ 通常用较大的字号，注重可读性
- ❑ 高对比的排版样式，标题用相对较大的字号
- ❑ 鲜艳的粉红色到蓝色的渐变
- ❑ 鼠标悬停时从粉红色到蓝色过渡的动画

- 1 像素浅灰色的线
- 带有"断点"的 1 像素方形图标
- 主要用方形，偶尔在促销区域使用圆形和三角形

就像在第 2 章中讲到的在设计原则中寻找共识的方法一样，对比团队各成员的想法，可以看出你对品牌的认知。这些特性起初可能有些含糊，但它们是讨论的重要基础。对最为独特的感知性模式达成共识，是未来将它们体系化的有用起点。[①]

模式和原则是设计体系的重要组成部分。但是，在团队协作的时候，仅有这些仍是不够的。选几个词语，定几条规则无法形成一种设计语言。只有赋予这些词汇以含义，并在团队中形成共识，设计语言才会形成。

---

① 在第 9 章中，我们将讨论如何制作感知性模式的界面清单，以及如何将它们集成到设计体系中去。

第5章

共享设计语言

本章将介绍如何构建共享的设计语言，从而让团队成员紧密协作，为他们的产品创造模式，并使用这些模式。

数字产品都是由团队打造的。团队里的每个人都有各自的具体目标，都有各自的截止日期。这就意味着难免会出现草率加入的模式、重复或错误的模块。

我们能确保一个产品即便有多人协作，却仍能连贯、统一吗？是的，只要我们团队对自己的设计体系及其运转方式有共同的理解，我们就能做到这一点。这意味着我们遵循相同的指导原则，我们对品牌愿景的理解是一致的，我们在设计和前端架构方面有共享的方法，我们知道什么样的模式是最有效的，也知道它们的工作原理。换句话说，创建统一的设计体系需要**共享设计语言**。

在《建筑的永恒之道》一书中，作者克里斯托弗·亚历山大介绍了"模式语言"（pattern language）的概念，将其作为一种创造充满活力、让人愉悦的建筑的方式。该书的核心观点便是，许多伟大的建筑物（如沙特尔大教堂、阿尔罕布拉宫、布鲁内莱斯基的穹顶）并不是由一位主建筑师在绘图板上费力地创造出来的，而是由一群人构建出来的，这群人对能将这些建筑物变为现实的设计模式有着深刻的共识。

> ……几组人可以通过遵循一个共同的模式语言，当场构思出他们的大型公共建筑，就好像他们共有一个心灵。"
>
> ——克里斯托弗·亚历山大，《建筑的永恒之道》

我们可以用类似的想法构建数字产品。设计语言可以让人们创建出具有整体感的产品，哪怕不同的人负责不同的部分也是如此。当然，有些人会比其他人掌握得更深入一些，但我认为每个人——设计师、开发人员、研究人员、产品经理、内容制作人——都应该掌握到一定的程度，且随着时间的推移，团队继续学习、使用和发展该语言，掌握程度还会逐渐提升。

不过，亚历山大在他的书中没有提到的是，需要花费多少工作才能形成模式语言。中世纪的大教堂需要数十年才能建成，石匠需要经过多年的训练才能掌握模式语言。类似地，在产品团队中建立共享语言并付诸实践，也需要花费大量的精力。

不过，这是能够做到的，即便是在更大的团队也能做到。我们可以从关注我们所做的设计语言决策入手。

5.1　为模式命名

詹姆斯·布里顿（James Britton）是一位有影响力的英国教育家，他在其著作 *Language and Learning* 中提到，通过为事物命名，我们才开始"让其存在"，就像小孩面对周遭世界使用"无中生有"的语言一样。同样，如果一个界面上的元素没有恰当的名称——团队里人尽皆知的名称——那么该元素就没有在你的设计体系中成为有效的单元。一旦你给一个物件命了名，你就塑造了它的未来。例如，如果你给的是一个表现型的名称，那么它将来就会受到样式的限制："粉红色按钮"只能是粉红色。

精心挑选的名称可以成为构建设计体系的强大工具，因为名称会影响模式的使用方式。当然，这不仅关乎名称本身，更重要的是建立一种在团队中**共享的**命名方法。

5.1.1 学习为你的团队创造一个好名称

对不同的团队来说，"好名称"的含义也不一样。有时需要通过实验才能找到有效的方法。德国电信公司 Sipgate 的团队一开始使用了表现型的名称。但是他们发现，像"突出的 Tile"①或"带点的圆圈"这样的名称效果很差，最终导致他们的设计体系碎片化。

> 使用表现型的命名方式的主要问题是，当模式库里模式的数量增大之后，你就很难找到所需的内容。而且，当你需要判断某个模式可以用在什么地方的时候，这样的命名也无法给你提供指导或启示。于是，有人开始不断地构建新的模式，而不是复用或增强现有的模式，这样做反而让问题随着时间的推移而变得越来越严重。"②
>
> ——Tobias Ritterbach，Sipgate 公司用户体验负责人

在 Atlassian，组件是从用户的角度命名的。例如，"Lozenges"③和"行内编辑框"这两个名称之所以这样命名，就是因为他们的用户是这样叫的。起初，这样的命名是有争议的，有人认为这样做会对开发带来额外的负担。但该团队认为，以这种方式为模块命名，能让工程师也能站在用户的角度思考问题，并始终把用户放在心上。

> 这样做对工程师来说有一点小的负担，但在某种程度上，能让他们对用户感同身受。"④
>
> ——Jürgen Spangl，Atlassian 公司设计负责人

---

① Tile 的本义是"瓷砖"，在用户界面中特指一种由多个方块构成的样式，尤见于 Windows 平台的设计语言。有人译作"磁贴"，但此译法并未广泛接受和使用。在 Microsoft 官方中文文档中该词未做翻译，此处沿用了这种做法。——译者注
② 出自 2016 年 8 月对 Sipgate 公司前用户体验负责人 Tobias Ritterbach 的采访。
③ Lozenges 的本义是"含片"，在 Atlassian 的用户界面中特指一种表示状态的短小文字方块，通常带有不同的颜色。——译者注
④ 出自 2016 年 11 月对 Atlassian 公司设计负责人 Jürgen Spangl 的采访。

在 FutureLearn，我们认为，一个好名称必须是**聚焦的、令人难忘的，能体现它所代表的模块的目的**。这样的名称让人能容易关联，容易想到。同其他团队一样，我们也尝试过不同的方式来命名——既有精确的描述性命名（如"进度转换按钮"），也有有趣的命名（如"耳语框"①）。

看过多个团队如何使用模块的案例之后，我们注意到，设计体系中最有效的名称往往具有这些特性中的一个或多个：它们使用了隐喻，它们是有个性的，它们能传达模式的目的。

5.1.2　好名称是基于隐喻的

出自其他领域（如建筑领域、出版领域）的隐喻，可以启发出好的名称。隐喻能让团队更容易记住这个名称，因为当人们想到那个模块的时候，会产生联想——可以想象的对象。

在建筑领域，"支架"（Brackets）是对一种结构进行支撑和加固的东西，例如，有一种支架是用于支撑屋顶的。类似地，在 FutureLearn 的界面中，"支架"是用于支持主要内容的小块辅助信息（见图 5-1）。

图 5-1　"支架"提供辅助性的信息，以支持页面的主要内容

另一个例子是"聚光灯"（Spotlight），它指的是一种宣传元素，旨在吸引用户对特定内容的关注（见图 5-2）。

---

① 原文为"Whisperbox"，在 FutureLearn 的设计体系中指的是一种次要但可能引起用户兴趣的区域。——译者注

图 5-2   "聚光灯"是一种宣传元素，旨在吸引用户对特定内容的
         关注

"支架"和"聚光灯"都是有效的名称——团队里的人都知道它
们，也在使用它们。如果没有视觉隐喻的存在，名称的效果就
会打折。

例如，很少有人能记住"进度转换按钮"（见图 5-3）是什么，
"二元单选按钮"（见图 5-4）又是什么样的。

图 5-3   进度转换按钮

图 5-4   二元单选按钮

问题是，"进度转换按钮"和"二元单选按钮"都不会在你脑
海里创建一个图像，因此这些模式是很难记住的。即便有人偏
爱更为精确和描述性名称（如"二元单选按钮"），但事实是没
有人能记住这样的名称。如果没有人能记住，人们就很有可能
新建模式，而不是复用模式。

5.1.3　好名称有个性

有些按钮的名称效果奇佳。FutureLearn 的界面上有些小的辅助
性按钮（见图 5-5），它们被称作"小黄人"[1]。

图 5-5　"小黄人"按钮[2]

当然，有小黄人的地方也应该有老板（Boss）。在 FutureLearn，
"老板"是一种大按钮的名称，这种按钮通常用于页面上主要
的行动召唤（见图 5-6）。

图 5-6　"老板"按钮

---

① 原文为"Minions"，同名电影被译作《小黄人大眼萌》，该单词的本义为"仆
　从，下属"，因此下文提到"有小黄人的地方也应该有老板"。——译者注
② 小黄人的版权由环球影业所有。

在 CSS 中看到 .minion 和 .boss 这样的类名（见图 5-7）也
是很有意思的事情。[①]

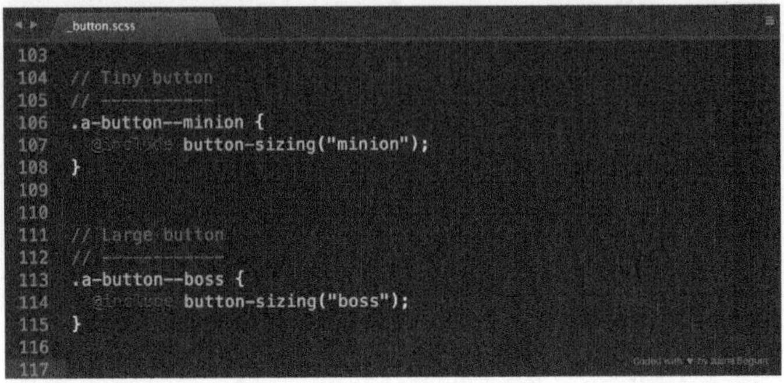

图 5-7　CSS 中的 .minion 和 .boss 类名

有个性的名称更容易记住。它们不仅萦绕耳旁，还能启发其他
名称，甚至可以建立一个系列的名称。FutureLearn 的"耳语
框"（Whisperbox）模块旨在用于不会过分引人关注的促销区
域。但当另一个团队需要更为醒目的东西时，他们创建了"轰
鸣框"（Boombox）。"耳语框"和"轰鸣框"是一对儿，这有助
于增强词汇的相关性，从而让人更容易记住。

5.1.4　好名称能传达目的

当你需要判断某个模式可以用在什么地方的时候，好的名称能
给予指导或启示。一个页面上可以有多个"小黄人"，但只能
有一个"老板"，这很容易记住。大家喜欢使用这样的名称，
我们不必强制推行操作指南，因为这些名称自带指南。即便只
有少数几个这样的名称，也能让你们的词汇库变得更有吸引
力，团队成员也更有可能使用它们，并为之做出贡献。

名称不仅能让我们识别和区分模式，还可以描述它们的目的。

---

① 在 FutureLearn 的界面中还有很多其他的按钮样式，这里展示的只是最
为有效的两个例子。

在没有完全理解模式的目的时，命名尤其困难。如果你发现自己怎么也想不出一个满意的名称，那么很有可能是某些地方出了问题。也许是模块的目的不明确，或者不同的模块有所重叠。无论是哪种情况，你都应该开始警惕。

欧洲之星在其新界面中引入了一个专门用于改进 SEO 的模块（见图 5-8）。在模式库研讨会上，团队费尽脑力也想不出一个名称："这是一个 SEO 模块！它没有功能。它的存在没有意义！"

图 5-8　欧洲之星界面中专门用于改进 SEO 的模块

他们最终给出的名称是"le blurb"[①]。而他们把 le blurb 的目的描述成：为改进 SEO 而提供的可能有趣的信息。

用幽默的方式解决命名困难的问题可能是种办法。但是，我们没有理由这样做，命名不应该这么难。我们应该问问自己，哪里出了错？为什么我们想不出一个好名称？

---

① le blurb 是法语，"模糊"的意思。——译者注

5.1.5　协同命名

如果命名过程是团队成员一起协作完成的，我们就能更好地理解模式的目的。这并不意味着整个公司都要参与进来，关键不在于人数，而在于视角的多样性。在编写 CSS 的时候，为模块命名的任务往往落在开发人员身上，但如果扩大命名过程，让更多的人参与进来，命名就会变得更容易一些。

不同领域的人对模块的看法也稍有不同。有内容管理背景的人可能会以更为通用的方式看待模块，因为他们需要灵活性。开发人员可能关注技术细节，因为他们了解模块是如何构建的——他们知道哪些东西是单选按钮，即使它们看起来不像是单选按钮。设计师和用户研究人员则可能更熟悉模式所支持的原始行为。让具有不同观点的人参与讨论，有助于对模块的目的做出更明智、更客观的决策。一旦明确了目的，命名就会容易得多。

协同命名还有助于让那些不参与模式设计与构建的团队成员了解如何使用模式。例如，让内容团队参与命名会让他们感觉自己对模块的设计和构建是有帮助的，而不是只能简单地填充内容。

5.1.6　建立专用频道

想要协同命名，一种简单的方法就是在日常使用的协作软件上建立专用空间（例如在 Slack 上建立"设计体系"频道）。你可以在团队内部将设计原型或现有模块分享出来，并简要描述其用途和亮点。你可以说："这通常表示附加的或支撑性的信息被分割成更小的块。"如果你能列出当前已经想到的名称，那也是有帮助的（见图 5-9）。

图 5-9　对这个模块来说，"趣味金块"（Nuggets of joy）也许是个不错的名称，但我们决定在本例中使用"支架"

只有少数几个人加入了讨论，提出了问题或想法。有的建议并不靠谱，有的则纯属搞笑。没关系——重点是引发讨论。讨论设计决策和模式目的，对共享设计语言的加强和发展是有帮助的。[①] 如果你看到一个好名称，要记得称赞并庆贺。正是这样的时刻凝聚了团队，并让协同命名成为团队文化的一部分。

5.1.7　跟用户一起测试设计语言

你可能希望更进一步，让用户也参与到设计语言的决策中来。这时，不妨尝试使用纸质卡片开展对模块的测试（见图 5-10）。使用纸质卡片进行测试与其他用户研究技术不同，后者使用线性任务和场景供用户完成。前者参与者可以拿起卡片、移动卡片、讨论卡片上的内容、在卡片上涂鸦等，积极地参与到设计

---

① 此外，将新的设计分享出来以后，有人可能会发现类似的模块已经存在，于是便避免了重复。

过程中去。在这个过程中，你将有机会测试你的语言选择，检查你所定义的模块与用户的潜在行为和心智模型是否一致。你有可能发现你的"重要标签页"被完全忽视，抑或你的"向导控件"被理解为一组可选的标签页。

图 5-10　将模块裁剪下来开展用户研究

不过，尽管让团队成员和用户参与到命名过程中来是很有用的手段，但保持专注也同样重要，不要陷入无休止的讨论中去。有时过多的想法反而会导致含糊不清的名称。为了避免这种情况，在 FutureLearn，我们会接受这些建议，但将最终裁决权留给负责模块的设计人员和开发人员。

5.2　将团队融入设计语言

仅仅完成命名还不足以建立共享的设计语言。整个团队都应该沉浸到设计语言中去，让它无所不在。只要创造了合适的条件，让设计语言得到曝光，即便是那些起初不感兴趣的人，也会被动地学习设计语言。下面是关于创建这样的条件的一些提示。

5.2.1　让设计模式变得可见

可以在墙上开辟一块专门展示设计体系的空间，将它称作"模式墙"（见图 5-11）。

图 5-11　FutureLearn 办公室里的模式墙

模式墙让你可以一览整个设计体系。这是讨论命名问题的绝佳空间，因为你可以直接引用某个模式——无须在整个网站上搜索，也无须记住它们的外观。拥有一个专门的空间也会让你的设计体系更加开放：人们会感觉你欢迎他们的加入，欢迎他们提出问题甚至做出贡献。

不需要很大的空间来布置模式墙，因为并非所有产品界面都需要张贴出来。

应当从最重要或最常用的界面开始。将它们打印在 A3 纸上，贴在墙上，并将最突出的模式标记出来。最好按照最常见的用户轨迹来排列这些界面的顺序，例如：发现界面、登录界面、比较产品、进行购买。

在让设计模式变得可见的时候，你可以发挥一些创意。MOO是一家数码印刷与设计公司，他们团队将其样式指南中的一些页面打印到了 MOO 明信片上（见图 5-12），让员工可以随手取到，以供参考。

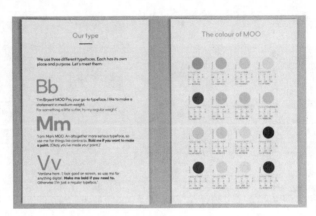

图 5-12　一些 MOO 的样式指南明信片

还可以设置自动提醒。只需花几分钟就可以设置一个 Slack 机器人，让它适时地提醒团队成员各种不同的元素分别叫作什么（见图 5-13）。[①]

图 5-13　Slack 机器人提醒团队"路标"（Signpost）模块是什么样的

---

① 还有一些工具，如 Brand.ai 和 Frontify，可以与 Slack 集成，当模式库更新时，它们可以提醒相关频道的用户。关于这些工具的介绍，参见第 10 章。

5.2.2　引用事物的名称

所有语言的共同特点是，只有不停地使用才能让它保持活力。它需要成为日常对话的一部分。这就是为什么需要有意识地使用约定好的名称去引用这些模式很重要——无论这个名称听起来有多奇怪。

"耳语框"是 FutureLearn 的一种促销模块（见图 5-14）。顾名思义，这种模块就像轻声耳语，不会引起过多的注意。

Get a personalised, printed certificate

You can buy a Statement of Participation for this course — a personalised certificate in both digital and printed formats — to show that you've taken part.

图 5-14　"耳语框"：FutureLearn 网站上一种轻量级的促销模块

在我们为它找到一个恰当的名称之前，我们一直将它称作"中间有图标的一条线所表示的区域"。这样命名没动脑筋，结果，重新命名为"耳语框"的过程便花费了更多的精力。如果你无法使用实际的名称引用一个模式，它在你的设计体系中就无法成为可操作的模式。每次使用模式名称，都会强化这个模式，让它更进一步地融入设计语言。

这样做需要团队具有一定程度的自律性。这可能很难，特别是如果你不习惯这些名称的话。（设想你加入了一个团队，这里每个人都在谈论"小黄人""老板"和"耳语框"！）但很快这些名称就会成为正常谈话的一部分，人们会习惯它。我们的目标是，当你提到一个名称的时候，每个人都明确地知道你在指什么。让每个人都知道序列导航这一模式的目的，并将其叫作"序列导航"，而不是"一串气泡"或者"向导控件"。在设计文件和程序代码中自然也要使用同一名称。

5.2.3   将设计体系作为入职培训的一部分

将设计体系的内容作为入职培训的一部分，新员工了解设计体系就会更加容易。当 Atlassian 的新员工入职时，他们将了解到设计指南是如何创建出来的，这样他们就可以理解为什么以及如何做出决策。在 FutureLearn 内部，我们创建了一个入门性质的线上课程，其中有一章专门对模式库进行了介绍，并包含了一些小测验和小课程（见图 5-15）。

FutureLearn Pattern Library
FutureLearn pattern library is the main point of reference for the UI patterns we use, so that everyone internally can refer to them.

5.4   **WHY PATTERN LIBRARY?** ARTICLE

5.5   **ATOMIC DESIGN METHODOLOGY** ARTICLE

5.6   **HOW HAVING A PATTERN LIBRARY AFFECTS THE WAY WE WORK** ARTICLE

5.7   **ADVANCED: TEST YOUR KNOWLEDGE QUIZ**

图 5-15   FutureLearn 线上课程中关于模式库的一章

5.2.4   定期组织设计体系会议

每个人都讨厌开会。但是，如果你希望每个人都跟得上设计体系的发展，那么组织召开设计体系的会议就是必要的。这是所有设计师和开发人员共同专注于设计体系的时间。

例会可以在 16 ～ 20 人的团队中进行；对于更大的团队，可以让不同的人轮流参会。例会不需要花费很长的时间——如果你有一个结构合理的议程，通常半个小时就足够了。一开始，可以每周举行一次，当团队找到节奏之后，可以每两周举行一次。团队可以利用例会时间就产品的总体模式（如图标、排版）得出一致意见。同时，这也是分享新模块并讨论其目的、用途及可能遇到的问题的好机会。

5.2.5　鼓励多样化协作

尽可能地尝试将模式的设计和构建与其他领域结合。前两章介绍的所有方法都有助于在不同领域协作并建立共享的设计语言：

- ❏　创建模式映射
- ❏　打造专注于特定模式的界面清单
- ❏　绘制模式结构
- ❏　就模式的目的达成一致，并为模式命名
- ❏　对模式进行阐释，形成产品的感觉
- ❏　用新模式进行小规模试验

在任何团队中，都会有一些人比其他人更熟悉团队的模式语言，对其设计体系的使用更有热情，这些人自然倾向于彼此合作。但是，仍然应该尽可能地鼓励他们与其他的每一个人一起工作，这样他们就会将自己的知识和热情传递给那些不太融入设计体系的人。将设计体系的内容传播到整个组织，这会让设计体系变得更有弹性。

5.2.6　维护一份术语表

维护一份术语表是分享和发展设计语言最有效的做法之一。创建并维护一份术语表会让你有意识地关注自己所使用的词汇，因为你必须清楚地写下这些词汇。客户服务平台 Intercom 的团队表示，他们维护术语表（见图 5-16）是为了确保"从代码到客户都使用相同的语言"。

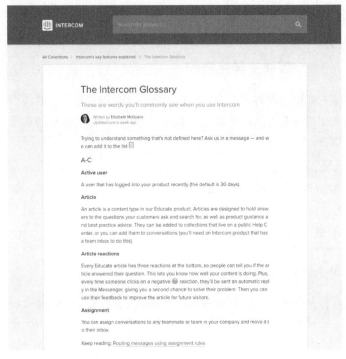

图 5-16　Intercom 术语表

当然，一个更新及时、易于访问的模式库，也可以成为可靠的
设计模式术语表，供整个团队参考（同时也是设计和构建界面
模式的实用工具箱）。[①]

术语表的价值不仅在于它提供了一种工具，更在于其所营造的
语言环境。通过建立和维护术语表，团队会养成一起审查、讨
论和阐释语言决策的习惯——认同大家所用的词汇，这很重要。

每个团队的协作程度都是不一样的，大家对每天讨论设计原则
和模式的开放态度也是不一样的。建立共享的设计语言需要某

----

① 我们将在第 10 章详细讨论模式库。

种团队文化的支持。但事情也可以反过来看——将关注设计语言的工作流程引入团队，也能带来更好的协作。三年前，在FutureLearn，我们没有共享设计语言，我们也无法像今天这样多地进行协作。设计师在 PDF 文档中记录模式，而开发人员则构建着自己的前端样式指南。虽然这两个文档对各自都有用，但它们并没有提供共享的语言基础。后来，经过一系列实践，我们逐渐改变了自己的工作方式。

建立共享的设计语言始终是一个渐进的、零碎的过程。有时这个过程会变得混乱和缓慢，但只要你继续下去，你还是会看到设计语言不断地变好、变强。最终，你会在自己的团队、合作方甚至股东层面看到效果——他们开始了解你想要实现的目标，并跟你一起实现这一目标。

第一部分总结

在本书的第一部分，我们讨论了构建设计体系的基础。下面总结一下其中的要点。

目的

设计体系的目的是帮助实现产品的目的："十分钟烹饪出健康膳食""尽可能广泛地传播演讲""每时每刻都播放对的音乐"。设计体系中的所有内容——大到团队运作方式，小到最小的模式——都应该为了实现这些目标进行优化。

原则

团队在设计时需要判断如何实现产品的目的。其设计方法和优先级的选择应当基于一系列原则："为第一印象设计""适当高于一致""追求永恒，而不是追求潮流"。团队对原则的认识越一致，他们创造的模式就越有凝聚力。

模式

我们打造的界面旨在帮助人们实现某种目标并创造某种感受：学习新的食谱，专注于写作，感到高效，受到鼓舞。我们的设计意图是通过设计模式表现出来的。功能性模式支持用户的行为和操作："选择食材""选择菜谱""跟着菜谱做菜""给菜谱打分"。感知性模式关注的是产品给人的直观感受："实用主义""像报纸一样""开放热情"。整个团队需要充分理解模式的目的。只有这样，才能确保它和用户的预期是一致的。

共享语言

模式应该通过一种共享的设计语言连接起来。共享的设计语言是团队为打造有效且统一的用户体验而形成的关于创建和使用设计模式的根深蒂固的知识。这些知识是通过共享的设计方法、前端架构、品牌愿景和日常实践（如协作命名、跨领域配对、使模式可见、打造常规界面库、模式库维护等）传播的。设计语言应该不断地演进、增强、迭代和测试。

了解设计体系是如何运转的

设计体系不是一夜之间构建出来的，而是通过日常的实践逐渐形成的。如果你正在围绕一款数字产品进行设计，那么设计体系的基础可能已经存在。无论你怎样设计和构建界面，它们最终都会呈现在用户面前。只要这个过程不是完全随机的，你就已经有了设计体系。

可问题是，这是什么类型的体系呢？它是灵活应变的，还是目标单一的？它是凝为一体的，还是支离破碎的？它是简洁易用的，还是麻烦费时的？它是独立自治的，还是等级森严的？

为了让设计体系更加有效，我们需要知道它是如何运转的，它包含什么，使它运转良好或不好的原因是什么。如果我们不了解这些，那么同样的问题还会出现（并且是系统性地出现！）。我们梳理了所有的按钮，六个月后却发现又多出来好多按钮。我们解决了一个问题，但如果没有改变产生问题的机制，同样的问题将会不断出现。

不同设计体系的运转方式也不同。你们的组织架构、团队文化、设计方法、项目内容甚至你们所处的物理空间,都将影响你们的设计体系。在本书的第二部分中,我们将首先介绍影响设计体系的底层结构,然后讨论建立和维护设计体系的技术,包括:

- ❑ 规划
- ❑ 打造功能性界面清单
- ❑ 建立模式库
- ❑ 创建、记录、发展和维护设计模式

第二部分　过程

第6章

设计体系的参数

本章将介绍设计体系应该具备的一些特性，以及控制风险和缺点的方法。

Sipgate 团队遇到了问题。他们的产品网站上出现了重复和不一致的情况，这不仅降低了品牌的水准，也让整个团队做了不少不必要的工作。于是，他们决定通过构建模式库来解决这个问题。在几周的时间里，他们通过召开研讨会、建立界面库，完成了产品网站模式的标准化。几个月后，他们推出了一个全新的模式库。

在有些公司，激发团队成员对公司模式库的兴趣是一件很难的事。这些团队成员看不到模式库的价值，也不会为其做贡献。但在 Sipgate 并没有出现这样的情况，所有产品团队的人都勤奋而高效地记录着他们的模式。

他们从不缺乏热情。但是一年过后，模块数量变得非常多，找到想要的模块和理解该用哪个模块变得非常困难。然而，添加新的模块却容易得多。于是，在维护了模式库一年之后，他们的网站仍然充满了重复的模式，哪怕配有完整文档的模式也是如此。

设计体系的构建不是从建立模式库开始的，也不会因模式库的建成而结束。影响设计体系的因素有很多，如组织架构、团队文化、产品类型、设计方法等。

为了了解这些因素是如何发挥作用的，一种可靠的方法是从以下三个维度去分析设计体系：规则的严格程度、部件的模块化程度和组织的分散程度（见图 6-1）。

规则

严格　　　　　　　　　　　　　　　　　　　　宽松

部件

模块化　　　　　　　　　　　　　　　　　　　集成化

组织

集中式　　　　　　　　　　　　　　　　　　　分散式

图 6-1　从三个维度分析设计体系

这些参数不是二元的，所有公司在每个维度上都处于某个位置。通过分析不同公司的案例，我们对这个问题做了深入的研究，了解了每个方向的优缺点。

6.1　规则：严格或宽松

有些设计体系是很严格的，有些却因宽松而受益。我们来看两个例子：Airbnb 和 TED。

6.1.1　Airbnb

Airbnb 在全球拥有 2000 多名员工，有大约 60 名产品设计师负责多个工作流。该公司的设计体系完全是由其设计语言体系（DLS）团队管理的。该团队由六名设计师以及同他们合作的工程师（包含 Web 端、原生移动端及 React Native 平台）构成。

Airbnb 的设计体系是很严格的：它有精确的规则和流程，并且要求严格遵守。

1. 标准化的规范

为了最大限度地减小偏差，Airbnb 的 DLS 精确地定义了它所包含的模块。例如，它严格地定义了排版处理，网格的间距是 8 像素，交互方式都有说明，关于命名也有一致的约定。图 6-2 展示了他们的主 Sketch 文件里是如何定义"Marquee"[①]模块的。请注意，每种情况都有两个示例，显示了设计师可用的一些选项。

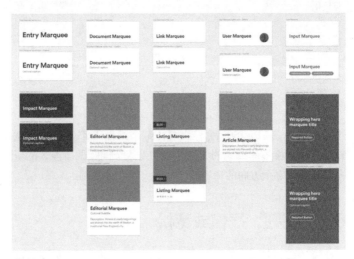

图 6-2　Airbnb 主 Sketch 文件里的"Marquee"模块

2. 设计与工程完全同步

在 Airbnb 的设计体系中，设计与工程是完全同步的。具体来说，这意味着以下三点。

☐ 主 Sketch 文件里的设计模块与代码实现完全相同，并保持同步。

☐ Sketch 文件里的名称与代码中的名称是匹配的。

---

① Marquee 的本义是"天幕"，在 Web 设计领域里指的是一块能滚动的区域。——译者注

❑ 所有模块都是跨平台的：Sketch 文件中绘制的每一个组件，在 iOS、Android、React Native 和响应式 Web 库等平台中都有尽可能相似的实现。

同步工作被视为优先事项。为了实现同步，Airbnb 团队甚至打造了一些自定义的工具，如 Sketch 插件（见图 6-3）。

图 6-3　所有 DLS 资源的入口

3. 严格的引入新模式的流程

DLS 团队旨在为整个公司的产品设计师提供全部所需的模式。他们的目标是重用大约 90% 的现有模块，因此创建新模式的情况相对较少。他们引入新组件的流程非常严格。

(1) 设计人员首先使用 Sketch 模板提交提案，其中包含对相关行为和规则的说明。他们还需要提出一个恰当的名称，并提供如何在界面中使用该组件的示例。

(2) 这份含有 Sketch 文件的提案将通过 JIRA 递交给产品支持团队。在很多情况下，产品支持团队发现类似的模块已经存在，或者只需要对某个现有模块进行更新。

(3) 如果确实需要引入一个新的模块，那么该提案将被转发到
    DLS 团队，该团队会考虑该提案，并判断提议的设计是否
    可行。有时他们会直接采纳提案，有时会加以修改甚至重
    新设计，以确保该模块和整个设计体系相匹配。

4. 全面详尽的文档

Airbnb 的内部网站上有设计语言的文档，即 DLS 指南。该指
南是由主 Sketch 文件生成的。Airbnb 的工具团队构建了一个自
动化工具，可以用它自动生成组件的屏幕截图和元数据，并将
其发布到 DLS 指南的网站（见图 6-4）上去。显然，这样生成
的文档与 Sketch 文件和代码是完全同步的。

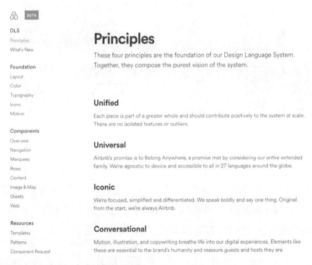

图 6-4　内部的 DLS 指南网站

正是上述这些做法确保了 DLS 是一个严格的设计体系。不过，
与之相反的是，有些公司却选择了较为宽松的架构。宽松的设
计体系倾向于根据试验的结果和环境的变化而不断改进。这样
的设计体系也是有效的。

6.1.2　TED

TED 团队的规模很小，只有六个人主要负责与设计体系相关的决策。这六人包括两名用户体验从业者和四名前端开发人员。TED 的设计体系是很松散的。他们优先考虑的是品牌的感觉和页面的实用性，而不是完美的视觉一致性。

例如，引入另外的颜色或偏离标准的布局都不是大问题，只要这有助于实现正确的效果。

> 做正确的设计，而非一致的设计。优先考虑的应当是把页面本身做到最好。为此我们不断地改进页面，以期达到最佳效果。不应该用教条式的一致性和已有的模式去驱动设计决策。"[①]
>
> ——Michael McWatters，TED 用户体验架构师

在这种设计体系下，有很大的空间去开展创造性试验。由于每个页面都可以进行微调，因此它们能适应不同的环境和场景。在这样的设计体系下产生的设计可能是连贯的，但不一定是完全一致的。同 Airbnb 的方法相比，TED 的流程显得更为松散和随意。

1. 简单的草图胜过详尽的规格说明

TED 的团队经常在白板或纸上画低保真的草图，并辅以简单的笔记，而不是详尽的规格说明（见图 6-5）。接着，通过当面分享这些草图，或将其发布在 Dropbox 或 InVision 上，团队开始交换意见，收集反馈。然后，设计人员和开发人员一起协作，做出高保真的设计图。

---

① 出自 2016 年 8 月对 TED 用户体验架构师 Michael McWatters 的采访。

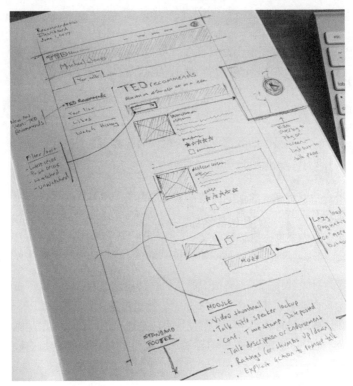

图 6-5　TED 团队经常使用带有简单笔记的草图，而非详尽的设计
　　　　规格说明

2. 简单的文档

他们的文档也很简单。他们没有全面的模式库，而是在网页和
Sketch 文件中有一个简单的样本集合（见图 6-6），这里面包含
了一些核心的设计模式，但绝非全部。

也许你会认为，这是因为 TED 的团队很小，没有时间和资源来
构建全面的模式库。但事实并非如此。目前还没有必要详细记
录所有内容。如果团队开始扩大，情况有可能会发生变化。但
他们强调，即使有了模式库，也不会用模式驱动设计。Michael

McWatters 表示："设计的敏锐性和对环境的敏感性始终是第一位，即使这意味着在某些情况下模式会被忽略或修改。"

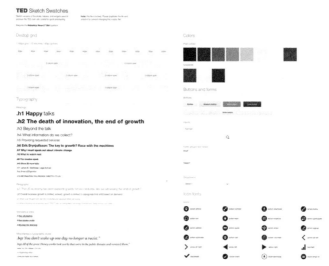

图 6-6　TED 的一部分样本，放在一个 Sketch 文件里

尽管 TED 的界面设计能适应独特的环境，有时会破坏已有的模式，但该团队依然认为，他们的设计体系能够有效地生成满足用户需求的设计。

让这样的设计体系保持有效的原因并不是严格的规范和流程，而是深深植根于团队文化中的共享的设计知识。该团队的成员对其产品愿景（"尽可能广泛地传播思想"）和设计方法的认识是完全同步的。模式的设计均遵循共同的原则（如"追求永恒，而不是追求潮流"），而他们对这些模式的目的及其用法也有着深刻且一致的理解。这种共享的知识才是该设计体系尽管松散却仍保持有效的基础。

6.1.3　权衡利弊，做出选择

这是两个截然相反的例子，但是，这些参数的值显然不是二元的：所有团队都位于维度上的某个地方。乍看起来，严格与公司规模有关——建立时间越短、规模越小的设计体系，越倾向于选择宽松的样式，以保留更多的自由度和试验的机会。而随着设计体系的发展，它会变得越来越严格。但也许事实并没有那么简单。我曾经在一个小团队里工作，团队中有一位能干却独裁的创意总监，他严格地把控所有设计输出。这便是一个虽然很小却非常严格的体系。你也可以想象一个设计体系相当松散的大公司，它鼓励每个团队开展试验并做出自己的决定。选择严格还是宽松跟团队规模没有多大关系，这一问题应该由团队的做事方式和优先级所决定。

通常来说，较为严格的设计体系更能保证精确、可预期的产出和视觉上的一致性。但与此同时，严格的设计体系也有可能趋于僵化，例如为了保持一致性而牺牲用户体验。

为了避免这种情况，就应该留有一些发生例外的机会，如开展创造性的试验或副业项目①。人们需要理解规则，并能质疑这些规则。如果没有充分理解规则，就容易忽略规则或覆盖规则。因此，一份清晰、全面、有说服力的文档是这类设计体系的基础。

对于优先考虑对环境的敏感性和对实验的友好性的产品，松散的设计体系非常合适。但是，在 TED 运行效果良好的松散的设计体系，在其他公司可能很快就会变得支离破碎、混乱不堪。

想要拥有像 TED 那样简单、灵活的设计体系，团队里的每个人都需要完全同步地理解产品的目的和设计方法，这些都需要深深扎根于团队文化之中。即使是松散的设计体系，也需要坚实的基础。

---

① 副业项目（side project）指的是在主要工作之外发起的创新性小项目，它仍然是公司内的工作，而非业余个人项目。——译者注

6.2　部件：模块化或集成化

所有系统都是由不同的部件构成的。不过，在拥有设计体系的
情况下，模块化不仅意味着系统由部件构成，还意味着不同的
部件是**可互换的**，它们能以**各种方式**组装在一起，以满足不同
的或者不断变化的用户目标（见图 6-7）。

图 6-7　像包豪斯建筑游戏（Bauhaus Bauspiel）这样的模块化设计，
　　　　能够适应不同的需求

模块化的方法有很多已知的优点。

❑ 它非常敏捷，因为多个团队可以并行地设计和构建模块。
❑ 它经济有效，因为这些模块可以重复使用。
❑ 它容易维护，因为修复一个模块的问题不会影响其他模块。
❑ 它具有适应性，因为模块可以根据不同的用户需求来组装。
❑ 它具有生成性，这意味着可以通过引入新的模式或以新的方
　式组合现有模式来产生全新的效果。

与模块化结构相对的是集成化的设计方法。集成化的设计也是
由部件构成的，但这些部件不可互换，因为**它们之间的连接**并
未考虑需要适应不同的处理方式（见图 6-8）。

图 6-8   集成化的设计是针对特定目标进行优化的

集成化的设计也有很多优点。

- ❑ 它们可以是针对特定内容、特定背景、特定故事或特定创作方向的。
- ❑ 它们往往更为连贯，更加凝为一体（相反，模块化结构则可能让人感觉是脱节的）。
- ❑ 它们可以更快地构建出来，因为不需要花时间考虑部件的复用问题。
- ❑ 它们更容易协调，因为团队中的每个人都朝着同一个目标而努力。

我们在网络上讨论设计体系的时候总是强调组件的模块化和标准化。我们谈论模式应该如何变得模块化、可复用，好像一切都应该像乐高玩具一样。然而，模块化的程度应当取决于你的团队和产品的实际情况。

6.2.1   模块化与用户体验

使用模块化的方法，不仅要考虑效率的提升和成本的降低，还要考虑它对用户的好处和对产品体验的增强。在建筑领域有一些这样的案例，模块化不仅增强了体验，还成了该建筑的标志性特征。

彪马城（Puma City）是一个零售商店，它由 24 个货物集装箱
组成（见图 6-9）。这些集装箱可以拆卸和重新组装。这种建筑
可以游走在世界各地，其原因就在于它是模块化的。这也是其
设计的关键：集装箱组装在一起的方式形成了建筑的个性。以
不同的方式移动集装箱，就能创造出不同的室外空间、露台
和内部结构。即使彪马的标志因为集装箱的错落而变得碎裂，
这种效果也是创作的一部分，这是该建筑让人感到独特的一个
因素。

图 6-9　由 LOT-EK 设计的彪马城（图片来源：Sibyl Kramer 的 "The
　　　　Box"）

下面来看一个集成化建筑的例子。日本高松的 Greendo 公寓大
楼（见图 6-10）建在山的一侧，共有五层，它每一户的屋顶都
是另一户的花园。这个建筑不仅与整个景观融为一体，还与这
片土地一起呼吸——利用自然的隔绝和来自地球的热量来保持
内部恒定的温度。

图 6-10　Keita Nagata 设计的 Greendo 公寓

有时模块化在实施层面的价值很大，但对设计没有帮助，有时则恰恰相反。下面这个位于巴黎的学生公寓（见图 6-11）看起来是模块化的，它就像是由旋转角度不同的"篮子"构成的。

图 6-11　OFIS 建筑师设计的"篮子公寓"

但事实上，阳台的位置和阳台突出的方式恰恰是该建筑想要给人传递的感觉。在这种情况下，说该建筑是完全模块化的，这种观点是站不住脚的，不过它确实呈现出了一种模块化的美感。反之亦然。

简而言之，一味追求模块化并非总是好的。模块化的程度应该取决于你想实现的目标。

6.2.2　模块化与项目需求的范围

通常，模块化方法适用于具有以下特点的产品：

❑ 需要扩张和发展
❑ 需要适应不同的用户需求
❑ 需要大量重复的部件
❑ 需要让多个团队能够并行、独立地开展工作

这样的产品包括电子商务、新闻、在线学习、金融、政府等大规模网站——任何需要扩张和发展以及应对不同用户需求的网站。

当模块化成为品牌和产品体验的一部分时，事情就会变得特别有趣。例如，在 Flipboard 中，模块化的布局是其设计和品牌的核心要义（见图 6-12）。这样做也让其品牌显得与众不同："每个杂志页面的布局都特别独特、漂亮，就像是编辑和设计师专门为你打造的。"[①]

图 6-12　Flipboard 的模块化布局是其体验的核心

[①] 参见 Charles Ying 的 *Automating Layouts Bring Flipboard's Magazine Style To Web And Windows*。

另一方面，集成化的设计体系适用于具有以下特点的产品：

❑ 专为某个特定目的而设计
❑ 无须扩张或改变
❑ 需要超越边界的艺术创作
❑ 几乎没有需要共享的重复部件
❑ 是一次性的，不太可能复用

富有创意的会议网站（见图 6-13）、作品集网站、一次性的营销活动页面，都是采用集成化方法的例子。

图 6-13   Circles 会议是一个面向设计师等创意人群的会议。其网
         站设计大胆，有很多独特的模块。在这种情况下，模块
         化的方法显然是不值当的

不同的音乐活动在 Spotify 的活动页面上的设计完全不同（见图 6-14）。

尽管你可以在这些活动页面中发现一些品牌样式的复用（如形状、配色和排版），但来自 Spotify 主产品自身的组件几乎见不到。对于主产品模块化设计体系之外的设计，更大的灵活性和更多的创意表达是很有意义的。①

---

① Spotify 的品牌和创意团队负责管理营销活动页面，他们有一个简单的
  设计体系，可以非常灵活地组合品牌样式。正是基于该设计体系，他们
  创作了一系列符合 Spotify 品牌样式的活动页面。

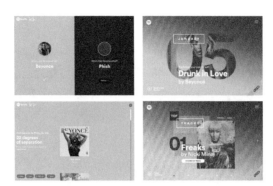

图 6-14　Spotify 音乐活动页面的一些示例

6.2.3　权衡利弊，做出选择

从长远来看，模块化的方法适应性更强、可扩展性更高，也更加经济高效。但模块化也有一些缺点。

首先，比起旨在实现特定目标的一次性解决方案，构建可复用的模块通常耗时更长。你必须考虑不同的用例，并规划好它们在整个系统中的作用。为了降低成本、提高收益，就得复用模块，而这是需要时间的。有的团队已经在模块化上面投入了不少资源，却迟迟看不到回报，这让他们很难判断这笔投资是否合理。

其次，模块通常需要做到十分通用，以应对各种不同的情况，但这样做的结果很可能是毫不出彩的通用设计，为了保证效率而牺牲了创造性与故事性。当团队选择模块化方法的时候，他们还需要找到其他实现创意的方法——独特的内容或服务、强烈的感情色彩、对感知性模式的有效使用，等等。

再次，为了维护模块化的价值，团队有时会强行复用模块。在FutureLearn，我们就出现过为追求复用而牺牲页面效果的情况。为了避免发生这种情况，应当始终平衡好技术的效率和模块化为用户体验带来的好处。

最后，也是最主要的一个挑战，是让模块之间无缝连接。既然
采用模块化的设计，就要期望不同的部件能完美地匹配、相互
融合。但有时人们无法做到将模块组合成一个运转良好的整
体。更糟糕的是，即使模块之间有了很高的一致性，整体体验
的一致性依然很低。

为了避免这种情况，我们不仅要关注模块本身，还要关注它们
之间的联系：它们之间的关联规则、它们的相对重要性（例如
视觉响度）、它们在整个用户轨迹中的作用、它们在整体架构
中的层级关系。

集成化的设计是针对某个具体的目的优化而成的，因而具有较
高的特定性。它们往往更加连贯，整体性也更好，但不能很好
地扩展。集成化设计的适应性和可复用性很差，而这却正是我
们做 Web 设计所需要的。

模块化的程度可以随着时间变化。一开始，你们的设计体系可
能只有少量共享的样式和原则。渐渐地，你们注意到更多重复
的模式，于是设计体系模块化的程度逐渐增加。这是合乎产品
发展正常逻辑的。

不过，有时候情况却正好相反。在 FutureLearn，我们最初有一
个模块化程度较高的设计体系。但后来我们意识到，在冲击力
较强的营销页面上使用可复用的模式，会限制创造力的发挥。
随着 FutureLearn 开始开展更多的品牌营销活动，我们做出了一
些更能凸显品牌的定制化设计。

6.3 组织：集中式或分散式

设计体系的另一个重要方面是它的组织形式。

6.3.1　集中式模型

在集中式的模型中，设计体系的规则和模式主要由一部分人管理。这意味着：

- ❏ 他们定义模式和规则
- ❏ 他们对设计体系的决策拥有否决权
- ❏ 他们管理模式库或其他存放模式的地方

这种结构最明显的优势是控制权。由于有人对设计体系负责，该体系就会被更好地规划、维护和发展。这种结构还有助于确保创意方向是聚焦的、创意决策是高效的，因为创意只有一个来源。这可能也是设计主导的公司（如 Apple、Airbnb）往往使用这种模型的原因。

6.3.2　分散式模型

另一种形式是分散式模型。在这种情况下，每个使用设计体系的人都要负责维护和发展该体系。

这种结构为个体提供了自主权，让他们能自己做出决策。这种结构通常更敏捷、更有弹性——如果一个人漏掉了某个东西，另一个人可以快速补充。在这种结构下，设计知识和创作方向是分散式的，并没有集中在少数人手里。[①]

这是 TED 所用的方法，也是我们尝试在 FutureLearn 建立的结构。对于像 FutureLearn 这样的小公司来说，设立一个专门负责设计体系的团队是不切实际的。所有参与产品打造的设计师和前端开发人员都要积极地为设计体系做贡献。而且，由于每个

---

① 正如我们在第 5 章里讨论过的，这种方法的基础是拥有密切的合作和共享的知识，类似于克里斯托弗·亚历山大在《建筑的永恒之道》中提到的"模式语言"的概念。

人都有所贡献，所以以这种方式构建设计体系并不需要特别长的时间。这是我们过去三年里维护模式库的唯一方法。

6.3.3　组织挑战

虽然分散式的方法适用于 FutureLearn，但它并不适合所有团队。我访谈过的很多公司在尝试使用这种方法时都遇到了问题。一开始，大家都很有热情，但由于没有负责人，很快这项工作就开始减速，甚至完全停止。

欧洲之星的团队并不大，只有四名设计师、四名产品经理和十名前端开发人员。一开始，分散式的方法对这种规模的团队是最为实际的。但一年之后，他们仍然难以让每个人都做出均等的贡献。

> 我们希望看到每个人都做出一点贡献，但事与愿违，大量的贡献来自于少数几个人。"
>
> ——Dan Jackson，欧洲之星解决方案架构师

在切换到集中式的方法后，效果明显好转了（见图 6-15）。

图 6-15　2017 年欧洲之星的模式库

完全分散式的方法似乎在特定的团队文化下才能发挥作用。同样，如果缺乏某种团队文化，严格的设计体系也会失败。在 BBC[1]，集中式的方法似乎无法驾驭 GEL[2]。BBC 的一名技术主管 Ben Scott 在接受采访时提到，他们调研过集中式的设计体系构建方法，他们认为这种方式并不合适，因为每个产品团队都应该对他们自己的设计有独特的看法，所以分散式的效果更好。[3]

6.3.4　权衡利弊，做出选择

集中式的方法提供了控制权和可靠性，但有可能跟不上团队的节奏。这是因为责任落在了一小部分人身上，他们可能成为瓶颈，从而影响整个产品的发展。[4] 此外，对于规模较小的团队来说，让一个人脱离具体产品，将大部分时间投入到设计体系的工作之中，也是不切实际的。

分散式的方法提供了更多的自主权，让整个团队都更有创造力。这种方式更敏捷、更有弹性，因为它不依赖一小部分人。然而，要让这种工作方法可持续，并坚定创意方向，依然是一项挑战。

就像设计体系规则的严格程度和模块化程度与团队规模无关，组织方式的选择也不依赖于团队的规模。小公司也可以让创意来自单一来源（如 CEO 或创意总监），大公司也可以选择分散式的组织方式。

例如，Atlassian 拥有 2000 多名员工，是一个规模较大的公司。

---

① BBC 是英国广播公司的简称。——译者注
② GEL 是 "Global Experience Language"（全球体验语言）的简称，由 BBC 推出并维护。——译者注
③ 出自 2017 年 5 月对 Ben Scott 的非正式采访。
④ 在 Airbnb，添加新模块的过程可能需要长达两周的时间。这也是该团队正在努力改进的事情之一。

它有一个专门的团队维护设计模式，但同时也有一个开源的模型（见图 6-16）提供给愿意做贡献的人。公司不但允许每个人做出贡献，而且还积极地鼓励他们这样做。

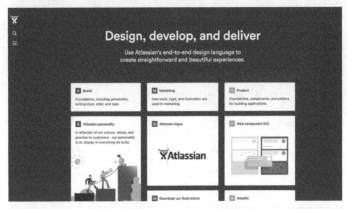

图 6-16   Atlassian 的设计指南建立在一个开源模型上，每个人都可以做贡献，不过这些贡献都有人进行管理和挑选

> 我们不仅希望大家认同我们的设计语言，还希望大家热爱它，推动它的发展。"
>
> ——Jürgen Spangl，Atlassian 公司设计负责人

BBC GEL 里的模式是"柏拉图式理想"的版本，而每个部门都有自己的实现。

6.3.5   小结

本章介绍了不同团队管理设计体系的方法。下面结合前面介绍的三个维度，总结一下这几个团队的做法。

Airbnb 的设计体系是严格的、模块化的，采用集中式的组织形式（见图 6-17）。它运行的基础是严格的规范和流程。这种设计体系具有很高的确定性和一致性。

图 6-17　从三个维度分析 Airbnb 的设计体系

TED 的设计体系在三个维度上几乎都位于相反的一端（见图 6-18）。像这样的设计体系就松散得多，创意的方向分布在团队里各个不同的地方。这类设计体系通常允许更多的试验和微调，并能对环境做出反应。

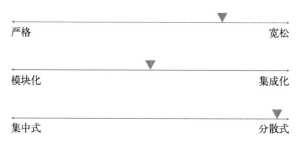

图 6-18　从三个维度分析 TED 的设计体系

在两者之间的中间位置，有像 FutureLearn 这样的团队（见图 6-19）。作为一家年轻且不断发展的公司，FutureLearn 的设计体系有所变化。一开始，它是集中式、集成化的，渐渐地，它开始变成分散式的，也更加模块化。当我们开始关注一致性时，设计体系的规则也会随着时间的推移而变得更加严格。

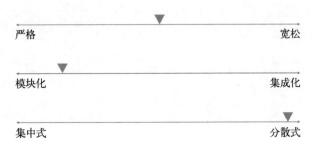

FutureLearn

严格 ▼ 宽松

模块化 ▼ 集成化

集中式 ▼ 分散式

图 6-19　从三个维度分析 FutureLearn 的设计体系

6.3.6　适合你的设计体系

还有一个重要的方面，就是**团队文化**。它总是不可避免地反映在团队构建的设计体系之中。正如康威定律 [1] 所述：

> 设计体系的结构必定反映了设计该体系的组织的沟通结构。"

Sipgate 的团队现在正在重构他们的模式库。有趣的不是他们将模型从分散式切换成了集中式，而是为了完成这一转换，他们不得不先向公司展示完全自治产生了什么样的效果。起初，Sipgate 这种崇尚自由、充满热情的团队无法想象他们的设计由其他人"控制"。但是，即使是像他们这样推崇自治文化的团队，也能认识到集中式的方法是确保其设计体系连贯统一所需要的。

为了顺利完成转化，该团队对设计过程和协作方式做了一些调整。他们现在更加强调共享设计方法，而不是维护设计模式文档。对他们来说，这不仅是方向的转变，也是一种文化的改变。

---

[1]　康威定律源于 1967 年计算机科学家兼程序员 Melvin Conway 所做的观察。

适合你们的设计体系不一定适合其他团队，在一个团队管用的体系可能不适用于另一个团队。有时我们看到 Airbnb 团队成功了，就渴望构建一个跟他们一样的体系，但实际上每种方法都有缺点。适合你的设计体系应该是你能掌控所有缺点的体系。

每个有效的设计体系的核心都不是工具，而是能针对特定团队、特定产品打造优质设计和良好用户体验的知识。只要弄清楚了这些知识，其他的一切都将随之而来。

第7章

规划与实践

本章将探讨如何在组织中为建立设计体系寻求支持，以及如何规划相关的工作。

如何让团队开始更加系统地思考设计工作呢？只有当他们发现当前工作流程有问题时，他们才会这样做。设计师如果发现自己总是在解决同样的问题，或者其设计未被正确地实现，就会变得沮丧。开发人员则厌倦了为每一个组件单独定制样式，以及处理混乱的代码库。他们都在痛苦地赶工，以期满足日益增长的产品需求。如果没有共享的设计语言和实践，协作就会变得很困难。

有人开始做出改进——为按钮制定标准、建立主 Sketch 文件、创建简单的组件库，等等。其他人开始注意到这些工作的好处，并加入其中。团队开始为更多的模式制定标准、统一设计用语、构建新的工具和流程。经过一系列试错之后，他们会看到系统功能的改进。这些初步举措是极其珍贵的。但要做出真正的改变，将设计体系工作作为副业项目来做是不够的。你需要获得广泛的支持——不仅要有同事的帮助，还要有高层的支持。

7.1 获得高层的支持

获得高层的支持与资源的投入并非易事。有的团队一上来就开始收集产品里视觉不一致的现象。一张表现按钮样式不一致的图片有可能让人信服，但并非总是能让 CEO 或其他上级看到你提议的价值。

想要获得业务的支持，你需要证明，有效的设计体系将有助于更快地实现业务目标，并降低成本。也就是说，你需要准备一个商业案例。

有时候，使用对方熟悉的语言是有帮助的。如果"全面的设计体系"这个概念听起来过于宽泛和抽象，那么不妨改成"模块化的界面"。模块化有很多验证过的好处，我们在第 6 章中对此有过讨论。只要这个方向是正确的，这些好处就可以成为你的团队和产品的优势。下面看一些用于说服他人的语言的例子。

7.1.1　在设计和构建模块时能节省时间

显然，复用现有元素比从头开始构建要更快一些。你甚至可以大致计算出可以节省多少时间。在 FutureLearn，第一次构建一个相对简单的自定义组件大约需要三个小时。使用模块化的方式构建同样的组件（过程包括确定结构、保证适用性、起个好名称、将其添加到模式库）可能需要两倍的时间。但是再次使用同样的组件时，则几乎不花时间。从长远来看，如果总是关注可复用性，就能节省大量的时间。

即便是看似简单的按钮元素，也需要花大量时间和精力进行设计和构建。为了让高层了解复用组件的价值，设计体系专家、*Modular Web Design* 一书的作者 Nathan Curtis 讲过一个关于按钮的复杂性的故事。他用几张幻灯片告诉观众，是如何花掉数十万美元来设计和构建按钮的。

如果你的企业有 25 个团队都在制作按钮，那么你的企业需要花 100 万美元才能得到好的按钮。"

——Nathan Curtis

用数据表示效率低下所带来的成本，通常是获得高管支持最为有效的方式。

7.1.2   在做整站修改时能节省时间

对于一个臃肿且低效的系统来说，即便是最小的改动也相当烦琐，很花时间。Etsy 的 Marco Suarez 在他的文章 *Designed for Growth* 中描述了技术债和设计债是如何拖慢团队节奏的。他分享了 Jessica Harllee 在 Etsy 网站上更新按钮样式时使用 diff 工具 ① 的情况（见图 7-1）。删除的代码用红色表示，新增的代码用绿色表示。显然，这个简单的视觉变化牵涉的代码太多了。

图 7-1   更新 Etsy 网站上按钮样式时使用 diff 工具的情况（删除的代码用红色表示，新增的代码用绿色表示）

做这样的改动不仅很花时间，而且有时必须在不同的地方做同样的修改。与之相反的是，可复用的模式更新时所有使用该模式的地方都会自动更新。这会让整站范围的更新更快地完成。

从长远来看，模块用得越多就越好用。对于同一模块，不同的团队想到不同的用例，并给出不同的解决方案以满足他们各自的需求。通过改进个别组件，整个设计体系将变得更加强大且易于维护。团队成员花在问题修复和代码清理上的时间越少，他们就有越多的时间处理那些能为用户和业务带来价值的事情。

---

① diff 是用于比较两个文件之间差异的工具，它通常用于比较同一文件的不同版本的差异。——译者注

7.1.3　能让产品更快上线

如果你去一家蛋糕店，购买现成的蛋糕和购买定制的蛋糕的价格是完全不一样的。在 FutureLearn，产品经理很清楚根据现有模块开发和构建全新模块分别需要多长时间。使用模式库构建页面通常只需要几天时间，做新的设计则可能需要几周时间。因此，如果我们想验证一个想法，或者试验新的功能，我们有时会使用现有模块以期快速上线。这样做可能并不完美，但它为团队腾出了测试、收集反馈和改进方案的时间。

Sipgate 的 Tobias Ritterbach 指出，使用他们新模式库的团队在推出新功能时，比不使用模式库的团队快很多倍，是如何做到的：

由于有了针对我们网站做的模式库，我们构建页面的速度比没有模式库的其他团队快 10 ～ 20 倍。"

——Tobias Ritterbach，Sipgate 公司用户体验负责人

这些案例表明，使用模块化的设计体系能让团队更快地完成原型设计、发布功能，这样做能更好地满足不断增长的业务需求。

7.1.4　其他好处

在为设计体系准备议案的时候，成功的关键是**证明低效**带来的成本并将其量化。不过，构建设计体系还有其他一些重要的好处，这些好处在某些组织中可能会得到重视。

1. 品牌统一

在一个公司里面，不同产品（有时甚至是同一产品的不同部分）看起来就像是出自不同品牌的情况并不少见。让不断发展的产品或产品线统一到同一个品牌之下，需要有效的设计体系。

2. 视觉一致性

设计是一种语言形式——我们通过设计传达产品的心智模型。一致的视觉表现会让产品给人熟悉、可预测的感觉，能帮用户更快地理解界面、减少认知负荷。简单地说，一致性能让界面更加直观。

实现一致性就像在界面中做出一个个小的承诺（例如，粉红色的按钮总是代表某种操作，"取消"按钮总是在"提交"按钮的前面）。当用户对将要发生的事情有把握的时候，他们就能信任产品。一致性有助于建立这种信任。

3. 团队协作

共享的语言是协作的基础，而这正是有效的设计体系所提供的——它为人们提供了共同创造事物的工具和流程。有了设计体系，人们便可以在他人工作的基础之上开展工作，而不是从头开始构建同样的东西。在 Airbnb，哪怕只是简单地将组件归集到一个地方，就能看到整个团队设计师生产力的提高。

> 我们用一个主 Sketch 文件来归集组件。一两个星期之后，我们开始看到模式库为设计迭代工作带来的生产力的巨大飞跃。"[1]
> ——Karri Saarinen，Airbnb 设计负责人

想要获得支持，还需要提供一些基于团队自身情况的案例。设计师 Laura Elizabeth 在一次谈话中提到，使用测试项目来证明设计体系的好处也是一种行之有效的办法：

> 在一个小型测试项目中尝试构建设计体系，能让你看到它对你的工作产生了多大影响、帮你节省了多少时间。"[2]

---

[1] 参见 Karri Saarinen 的文章 *Creating the Airbnb Design System*。

[2] 参见 Laura Elizabeth 的 *Selling Design Systems*。

并非每个团队都能立刻成立一个专门负责设计体系的小组，或者立刻敲定一份正式的计划，但哪怕只是找几个人突击一下，也可以成为通向最终目标的有效起点。第一步的成功是未来获得更多支持的基础。

7.2　从哪里开始

如第 6 章所述，每个团队的需求不一样，适用于他们的策略也不一样。不过，下面是一些对大多数团队都适用的建议。

7.2.1　就目标达成一致

你希望通过这项工作取得哪些主要成果？拥有明确的目标能为团队指明方向，提供动力。这对他们组织排期和平衡优先级也是有帮助的。目标应当拆解为具体的、可测量的步骤。

如果你和我一样将设计体系拆解为模式和共享的实践，你的目标就会反映这一理念。例如，一个目标是针对界面的，另一个则是针对团队运转方式的。

1. 将界面系统化

- ❑ 定义设计指导原则
- ❑ 定义可复用的设计模式并将其标准化
- ❑ 建立模式库
- ❑ 建立主设计文件，收集最新的模式
- ❑ 重构代码和前端架构，以支持模块化的方法

2. 建立共享的流程和治理

- ❑ 通过沟通、协作、结对子、培训等方法，建立知识共享的流程
- ❑ 在整个公司推广模式库，鼓励大家使用

❑ 面向所有部门推广共享的设计语言
❑ 在入职培训中引入对设计体系的介绍

目标可以拆解为小的任务和故事。为了规划不同阶段的目标，
不妨试着为你们的设计体系画一个简单的路线图。可以使用像
Trello 之类的软件，也可以直接在白板上粘贴便签。重要的是，
路线图能让团队成员全面了解各个事项的优先级，并看到设计
体系将如何演变。[①]

在 FutureLearn，我们还将设计体系的故事整合到了产品的主路
线图里。这有助于让团队的其他成员了解我们在做的工作，并
平衡好这项工作与其他工作的优先级。

拥有明确的目标和里程碑也有助于管理公司其他部门的预期。
设计体系是一项长期投资——其价值随着时间的推移而逐渐增
加。人们希望看到渐进的、稳定的发展，而不是大起大落的变化。

7.2.2　将成果公开

据我观察，那些愿意公开一些设计体系工作成果的团队，往
往比那些把一切都保密的团队进步得更快。欧洲之星的 Dan
Jackson 在接受采访时提到了尽早将样式指南公开（哪怕还不完
美）的重要性。看到其他人从自己的工作成果中获得帮助，能
为他们提供额外的动力。

我希望我们的样式指南成为我们引以为荣的公开产品。人们可
能正在查看这份指南，将其作为资源使用，这让我们感觉我们
必须持续地更新它。”

——Dan Jackson，欧洲之星解决方案架构师

一些团队在设计体系发展的过程中还会撰写一些相关的博客文
章。如果不仅能讲述你们的成功之处，还能把你们犯下的错

---

① 参见 Nathan Curtis 的文章 *Roadmaps for Design Systems*。

误、遭遇的困难和改正的方法写出来，这项工作就会尤其有用。以开放、诚实的心态记录工作上的进展，是让团队不断学习和保持工作积极性的有效方式。

这样做也让幕后的工作变得公开透明了。我们定期发布一些关于 FutureLearn 设计体系的观点和讨论，这也有助于让更多的人了解我们所做工作的价值。

7.2.3　创造知识共享的文化

正如我们在第 6 章 Sipgate 的例子里所看到的，一个团队如果有更新及时的模式库，但没有有效的跨团队协作方式，模式库的价值就会大打折扣。想让团队以更加系统的方式思考问题，需要建立起强大的知识共享体系。我们在第 5 章 "共享设计语言" 中讨论过这一主题的内容。

- ☐ 建立专门的 Slack 频道，让大家在这里定义设计模式并为其命名，讨论与设计体系有关的话题。
- ☐ 创建一个模式墙，让设计体系的工作对公司其他人公开透明，并鼓励更多的人加入这项工作。
- ☐ 将设计体系的知识放入入职培训的内容。
- ☐ 组织例会，同步每个人的工作。
- ☐ 不仅要鼓励小组内各成员之间的协作，还要鼓励跨小组、跨部门的协作，尤其要鼓励对设计体系有更多了解的人同大家一起工作，这样他们就有机会将他们的知识和热情带给那些对设计体系不甚了解的人。
- ☐ 组织研讨会和培训，将设计体系的最新进展介绍给整个团队。在 FutureLearn，制作演示文稿最有效的方法是使用 "问题—解决方案" 的格式。首先把当前问题呈现给对方，然后解释我们提出的改变将如何推动问题的解决。例如："使用目前的排版方式，会导致大屏幕上的文字太小，而小屏幕上的文字又太大；阅读体验受到了影响；无法判断该用哪一级标题，而且样式太多，产生了不一致的情况。下面，请看新的排版体系是如何解决这些问题的……"

❑ Vitaly Friedman 和他的团队用了一种非常规的方法：把界面上的组件放到特定的日子里。于是，他们有了"旋转木马日"①"灯箱日"②"手风琴日"③，等等。他们甚至将组件及其变体打印出来，配上前端代码和相应样式，发给团队里的每一个人。

> 我们把它们贴到厨房水槽旁边，贴到卫生间里面。一个月以后，每个人都记住了所有组件的名称，包括清洁人员在内！"
>
> ——Vitaly Friedman，*Smashing* 杂志主编

7.2.4　提升团队士气

设计体系的工作是一个长期的过程。在某些时期，你的团队可能看不到所做工作的回报。

> 你很难立即获得个人的满足感，但当看到其他人在他们的工作中使用你所创建的模块，或者有人发表评论称你的工作对他们有很大的帮助时，你就会感觉自己的付出有了回报。"
>
> ——Jusna Begum，FutureLearn 前端开发人员

在这个过程中，可以采取一些措施来提升团队的士气。

为了避免产生总也做不完的任务列表，可以先一次性完成大部分工作，再把剩余的任务当作持续性的工作。在 Atlassian，最初的工作就是由两三个人在短时间内完成的。主导 Atlassian 设计指南（ADG）初始工作的产品设计师 Matt Bond 在他写的一

---

① "旋转木马"（Carousel）在 Web 开发中指的是轮播图效果。——译者注
② "灯箱"（Lightbox）在 Web 开发中指的是一种将背景暗化的弹窗样式。——译者注
③ "手风琴"（Accordion）在 Web 开发中指的是一种像手风琴一样可折叠展开的分组样式。——译者注

篇博客文章中提到，采用这种两阶段的方法，可以让团队快速完成初始阶段的工作，并对余下的工作保持动力。

我们的工作很高产，我们在很短的时间内就完成了 80% 的新模式。我们在接下来的一周左右里，只花了少量时间来优化模式，并将使用指南和相关代码并入 ADG。"[①]

对于某些工作，如开展界面评审、建立模式库等，让整个团队（或来自多个团队的代表）参与其中是很有用的，至少在初始阶段要这样做。这样做可以让大家产生一种主人翁意识。如果由于有其他优先级更高的事项而无法做到这一点，可以先让一个小组做好基础工作，再根据需要让其他人参与进来。在FutureLearn，我们先让两个人（一名设计师和一名前端开发人员）突击性地为设计体系开了个头，当我们弄清楚了应该如何开展这项工作之后，才根据需要将其他人拉了进来。

用这种方式安排任务，能以最低的成本将收益最大化。在FutureLearn，我们曾立下目标，让所有的组件都能够实际使用。这意味着网站上和模式库里的模块代码应该是一致的。但要做到这一点，就需要对每个模块进行重构。于是，我们一边重构它们，一边将它们逐个添加到模式库里。这是一个缓慢而痛苦的过程，团队开始失去动力。

后来，我们意识到，如果我们只用屏幕截图而非代码，就能迅速添加完所有的模式，这样模式库就能更快地产生价值。这让团队成员可以立即开始在工作中参考模式库的内容。在接下来的几个月里，我们重构了这些模式，逐渐用实际的模块去替换截图。如果没有采用上面的做法，我们可能需要一年时间才能整理完所有的模式。

---

① 参见 Matt Bond 的 *How we made the Atlassian Design Guidelines*。

7.3　关于设计体系实践的思考

我们在 FutureLearn 早期开展的一个模块化的试验（见图 7-2），
就是重新设计主页。一名视觉设计师创建了模块化切片，然后
我们开了一个研讨会，试图将这些切片组织成完整的页面。这
就是我们当时所认为的模块化设计过程（或许很天真）。

图 7-2　我们早期做的模块化试验

通过这一过程，我们形成了三个设计，它们也最终构成了功能
完整的原型。尽管这是一次有用的实践，但结果并不是真正模
块化的。

❑　模块没有明确的目的，它们之间的差异主要是表现层的。

❑　我们没有定义它们，也没有为它们命名。

❑　我们没有考虑应该如何复用它们。

❑　它们在整个设计体系中的作用尚不明确。

这些原型从未投入生产，但正是这样的试验让我们开始努力将
设计过程变得更加系统化。通过多种尝试，我们意识到，模块
化的设计不仅仅是切割界面，再将各个部分重新组合在一起。
如果你的团队还不熟悉模块化的思考方式，那么不妨先在一些

副业项目或在产品的某些局部进行试验，探索模块化方法的真正含义。

在尝试了多种不同的方法之后，我们对界面的系统化有了一套更有条理的实践体系。

在第 8 章和第 9 章，我们将详细地描述这套实践方法。简单地说，它有以下三个步骤：

(1) 确定关键行为和美学特征
(2) 对现有元素进行评审
(3) 定义模式

功能性模式和感知性模式的处理方式略有不同。对于功能性模式，我们需要重点关注用户行为，关注单个模块的定义和命名。对于感知性模式，我们将更多地将其当作一个整体来看待，关注感觉和视觉效果，以及如何让它们协调一致的一般原则。

对于这些工作事项，顺序并不重要。有的团队认为应当先构建基础项目，比如排版；有的团队则从核心的功能性模块开始着手。同时构建功能性模式和感知性模式也是可以的。

无论采用哪种方式，我们都要先考虑全局，再将界面拆解为小的部分。这样，我们就不会只关注单独的模块，还会考虑它们如何协调一致，以及如何帮我们实现产品的目的。

第8章

功能性模式的系统化

本章将展示如何从产品的目的入手，将功能性模式系统化的方法。

我住的小镇上有一家小书店。当走进去的时候，你会看到几个能够看到图书封面的书架。其中，有一些书的封面上贴着手写的便笺，便笺上是读者的评论。即便你不知道自己想读什么书，也有可能被这种有趣的东西吸引。一旦你被吸引了，就可以到旁边安静的地方，坐在沙发上，边喝咖啡，边看书。你可以买书，也可以不买，不必有任何压力。这家店的精神是发现和阅读，而销售则是次要的。它的模式——便笺、安静的地方、沙发和咖啡桌——印证了这一点。

类似地，数字产品也让用户能够完成某些特定的行为，或鼓励某些特定的行为。想想 Slack 的协作方式是如何区别于其他邮件应用和聊天应用的。想想 Tinder 是如何通过其独特的推荐交互建立起一种随意、不带承诺的关系的。哪怕是围绕相似目标和需求打造的产品，也可以鼓励完全不同的行为。

这就是为什么对行为的思考有助于将模式与产品的设计意图和精神联系在一起。[①]

设计意图可以以无数种方式呈现——模式不一定是视觉上的。模式可以通过物理的对象（如书店里的东西）表现出来，也可以用语音读出来。对行为进行说明是一种更加面向未来的定义模式的方式，因为行为是独立于平台的。

---

① 设计模式也可以用于创建不端的行为，如"劫持"用户的注意力，让用户将时间和金钱花在让他们后悔的事情上。留意用户的行为，可以帮我们确保用户的兴趣始终是反映设计初衷的。

8.1　目的导向的清单

界面清单是对界面进行系统化的流行方式——先收集各种 UI 元素的屏幕截图，再根据外观的相似度对它们进行分组。

这个方法虽然很简单，但可以通过不同的方式去完成。有的界面清单关注的是视觉一致性，例如确保所有按钮看起来都是一样的，所有菜单都是一致的，等等。但本章所描述的过程，其主要目标不是解决视觉一致性的问题，而是**定义最核心的设计模式**，并在团队中形成关于如何在整个系统中使用这些模式的共识。通过这个过程，你的团队将了解到需要更加关注哪些地方。做完这些后，通常会得到一份需要进行标准化的元素的列表，附带一些关于如何定义这些模式的草图和想法。

虽然可视化的清单通常按照外观和类型（如按钮、标签页控件等）对元素进行分组，但在下面的练习中，你可能会看到同一个组里有看起来不一样的内容。因为，我们是按**目的**（即体现设计意图的行为）对它们进行分组的（见图 8-1）。

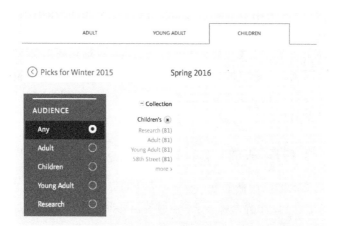

图 8-1　在以目的为导向的清单中，同一个分组下的元素可能看起来
　　　　很不一样，因为它们是按目的而不是按视觉样式进行分组的

这意味着，我们首先要做的不是让所有按钮看起来一致，而是试着了解某种类型的按钮该在什么时候使用，什么时候该用链接而不是按钮，什么时候完全不该使用按钮而是直接让对象变得可点击。当然，在这样做的过程中，我们也会提高视觉一致性，但这并不是重点。

8.2   准备工作

8.2.1   安排时间

对于这项工作，最有效的时间是在基础用户体验工作（包括用户研究、内容策略、信息架构及设计方向的确定）做完之后。如果设计有根本性错误或可用性问题，处理这些事情就会分散注意力，影响效率。出于同样的原因，如果你们的界面即将进行重大改版，最好也要先明确新的设计方向。

8.2.2   选择人员

不同的观点能让你更为客观，并兼顾更多的用例。设计师和前端开发人员的参与是至关重要的，理想情况下还应该包括后端开发人员、内容管理人员和产品经理。理想的小组规模为 4 ~ 8 人。如果需要更多的人，可以考虑先在不同的部门找到少数的代表进行初步工作，再在后续的会议上，听取更多人的看法。

8.2.3   打印界面

找出你的产品中最重要、最不可或缺的界面和用户流程。通常，10 ~ 12 个界面就够了，有时甚至更少。它们可以是设计原型，也可以是现有界面的屏幕截图。

假设你在参与一个公共图书馆网站的工作。该网站的目的是扩展实体图书馆的体验，让读者可以提前预订图书，从而避免在图书馆排队等待取书。

为实现上述目的，关键的界面包含这些功能：查找特定书籍、发现新书、预订资料、下载资料。当然，这个图书馆网站还有很多其他功能：活动与展览、会员、收藏，等等。尽管我们应当留意这些功能，但通常我们不需要一开始就考虑到所有的界面。

将每个关键界面打印两份。第一份按照典型用户轨迹的顺序贴在墙上，第二份则将用于剪切模式并对其进行分组。在整个实践过程中，你将不停地在整体体系和单个模式之间转换。打印两份会让你既能专注于细节，又能看到更大的图景，不会在剪切后，忘记模式来源之处的背景。

为了完成这项工作，你还需要准备好剪刀、记号笔、便利贴，以及充足的墙面区域和桌面空间。

8.3　确定关键行为

首先需要确定用户轨迹每个阶段中的关键用户需求和行为。对于只有少量界面的小型应用，考察的对象是各个界面，甚至是一个界面上的各种状态。对于较大的产品，最好先按照用户轨迹的不同阶段对页面进行分组。

回到公共图书馆网站的例子上，可以根据以下行为对页面进行分组（见图 8-2）。

❑ **发现**：激发用户发现他们感兴趣的图书。拿书店作类比，这个区域就像是店员精选或新书推荐货架。如果用户不是一上来就知道要找什么，他们就有可能从这些展示的内容中受到启发。

❑ **目录**：查找特定图书。通过目录搜索就像是向一名工作人员求助。

❑ **想读清单**：让用户查看和管理他们暂存的图书。在实体图书馆中，你可能会将一些书放在一边，以便稍后决定留下哪些书。[①]

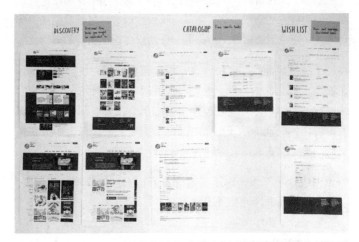

图 8-2　这些核心界面是按照它们在整个用户轨迹中支持的行为进行分组的 [②]

需要留心一个页面内包含多个相互冲突的行为的情况，例如，一个页面同时激发用户查看新书、下载资料、订阅通讯、查看最新活动。即使一个界面包含多种行为，最重要的操作也应该是清晰的，而且行为之间不会相互冲突。在处理多个行为的时候，首先要关注核心用户轨迹，确定最重要的行为。在这个例子中，最重要的行为就是发现图书、查询图书和预订图书。

---

① 如果有过多的页面支持同一种行为，很可能是信息架构还不够好。
② 示例页面仅作说明之用。

8.3.1　措辞是一项基础工作

我们所用的词汇也很重要，它们会影响我们的思考方式。有几个月，我在 FutureLearn 工作的团队将"留存"作为一项指标，其关注点是让更多的人在课程开始之后继续学习。对留存进行设计很难。我们也不清楚留存究竟给我们的用户带来了什么好处。如果把该指标换作"参与"，可能就会有不同的设计结果。"参与"的关注点是学习的质量和满意度，而不是在网站上停留的时间。（有人可能在 FutureLearn 上花了半个小时学习，却没有得到想要的东西，这并不能算作成功。）

无论是从用户的角度看，还是从公司的角度看，行为都应该是有意义的。[①] 图书的"促销"只对图书馆有利，但"发现"新书对读者也有价值。选择更好的语言会影响对图书的挑选，以及它们的陈列方式。

8.3.2　将行为分解为操作

定义了高级别的行为之后，可以将它们分解为更具体的操作（见图 8-3）。将这些操作写在每个界面旁边。例如，支持"发现图书"这一行为的操作包括：

- ❑ 通过扫视寻找有意思或有趣的图书
- ❑ 在推荐图书列表中挑选
- ❑ 调整列表的显示方式
- ❑ 查看和了解一本书
- ❑ 挑选可能喜欢的图书
- ❑ 暂存和预订图书

[①] 成功的公司都能将用户的目标和业务的目标结合在一起。如果你真的很难将两者结合在一起，那么你的产品有可能遇到了设计体系无法解决的更深层次的问题。

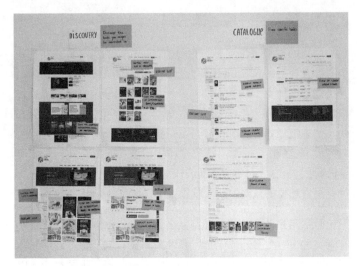

图 8-3　具体操作附着于更高层次的行为

你可能会注意到某些操作在整个界面中重复地出现。不过，代表同一操作的元素并非总是一致的。有时，我们通过点击标签页选择某类图书；有时，我们又通过菜单进行选择。为了解决这些不一致的情况，我们需要对现有的元素进行评审。

8.4　按目的对现有元素进行分组

挨个对每一个行为做这样的处理：查看所有页面，寻找支持这个行为的元素。例如，对于"查看图书"，可能在促销页面、目录搜索结果页和想读清单页都有不同的项目用到这个行为。

使用第二组打印出来的屏幕截图，剪切相关元素。把它们放进不同的组，并为它们贴上这样的标签："查看图书""筛选列表"等（见图 8-4）。在定义模式时需要用到这些分组。同一组的元素应该具有相同的粒度。因此，"图书列表"模块和"预订"按钮不会出现在同一个组里面。

图 8-4　对元素进行分组，下面定义模式时需要用到

8.5　定义模式

元素完成分组后，就可以对每一组项目分别进行处理了。它们应该合并成一种模式还是分拆成不同的模式？通常，这要结合具体情况来分析。不过，有两种技术对此特别有用，一种是通过具体性尺度来衡量模式，另一种是绘制模式的内容结构。

8.5.1　具体性尺度

模式可以定义得具体一些，也可以定义得通用一些（见图 8-5）。假设我们要在图书馆网站上显示活动和展览。如果我们将它们定义为两个单独的模式，每个模式都会比较具体。如果我们将它们统一为一种称作"内容块"的东西，就会让模式更加通用。

图 8-5　具体性尺度

虽然这看起来是一个简单的概念，但决定具体性的程度是模块化设计中最棘手的问题之一。具体的东西越多，可复用性就越差。相反，为了让某些东西更具可复用性，就需要设计得更加通用。如果具体的部件太多，设计体系就会变得难以维护，难以保持一致。但如果通用的模块太多，又会导致设计普通。像很多事情一样，定义模式没有标准的做法，一切都取决于我们想要实现的目标。

我们是否希望网站的访问者对活动和展览两个模块的感觉是不一样的？有没有哪些关于活动的东西是跟展览的设计有冲突的？如果上述两个问题都是肯定的回答，我们就应该考虑将它们分开。举例如下。

❑ 对于展览模块的设计，可以在中间位置放置一张艺术图片。由于展览都是很独特的，因此可以为它们提供与展览内容相结合的定制设计，就像海报一样。日期的字号较小并放在角落，这样不会分散用户的注意力。

❑ 活动的设计则相对简单，可以突出活动日期和活动标志。

如果没有理由将这两种类型分开，就应该将它们统一为一种模式，这正是模式库要做的事情。这样做会让模式更为通用，因为它必须适用于这两种情况。这也意味着我们对活动所做的每一项改动都会同时影响展览。一致性将更容易实现，不过是以牺牲一定的灵活性为代价的。

8.5.2　内容结构

另一个我认为很有用的工具就是绘制模式的内容结构。我们在第 4 章介绍功能性模式时简单地提到了这个方法。下面我们先回顾一下。

(1) 列出让模块有效的核心内容。这个模块如果没有这个图片还能正常运行吗？即，这个图片对这个模块的目的是至关重要的吗？标签页总是必需的吗？把可选的元素标出来。

(2) 确定元素的层次结构，并决定如何对它们进行分组。这个图标是关键信息的一部分，还是图片的一部分？

(3) 将结构以草图的形式绘制出来。模式的外观可以有无数种呈现形式，而草图则有助于找到最佳的设计。

可以合并为一个模式的元素通常具有相同的底层结构。如果你发现在不影响元素目的的情况下，很难将多个元素统一成一个结构，就表明它们不应该合并。

有时，受所处环境和设计意图的影响，结构相似的元素可能在外观上或交互上差异很大。在这种情况下，我们可以创建变体。变体是同一模式的修改版本。

回到图书馆网站的例子。假设你最终在"查看图书"组中找到了下面这些项目（见图 8-6）。

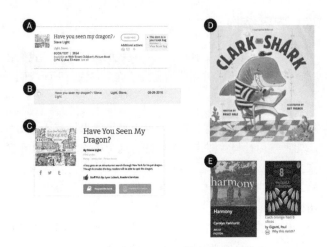

图 8-6   对图书项目进行分组：定义模式时需要用到

你可能看出来了，A、B 两项具有相同的目的，即它们都出现在列表中，让用户查看图书并了解图书信息。实际上，它们也有相同的内容结构（见图 8-7）：

图 8-7   图书项目的内容结构

B 项里面缺少**操作按钮**和**缩略图**，但我们看不出需要这样做的理由。在扫视图书列表时，缩略图很有用，你应该可以直接预订而不必离开想读清单页面。

而 D、E 两项跟它们是不一样的。这两项的主要目的是**展示值得关注的新书**，提供选书灵感。如果我们画出它们的结构，可能是这样的（见图 8-8）：

图 8-8　图书展示的内容结构

你可以通过设想发生改变的情形来验证上述结构。问问自己：
如果我改变这个模块，我希望其他模块也以同样的方式改变吗？例如，"封面"和"缩略图"看起来很相似，但我们也有可能将它们视为完全不同的东西。也许"发现"页面的设计有一些独特的交互和动画，以引起用户对图书的注意，而我们不希望将相同的效果用于列表中的标准图书项目。

下面我们来看看 C 项。它跟 A、B 两项很像，有着相似的内容结构。但由于它位于网站的发现和图书展示区域，因此它会显得更加突出。它也比列表中的图书项目更加详细，提供了更多的图书信息。因此，可以将该元素作为图书项目的**变体**（见图 8-9）。

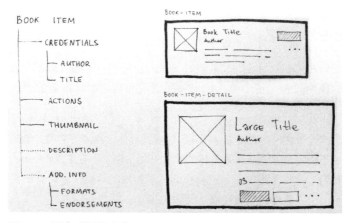

图 8-9　图书项目的变体

既然有变体，通常就会有**默认**模式。默认模式拥有核心样式，而变体则包含其他的样式。重要的是要弄清楚哪些特性是模式的核心部分，哪些是变体特有的。弄清楚了这些，你就可以预测一个模式的变化将如何影响其他的模式。

在上面的例子里，核心默认模式中的某些元素在不同的地方有不同的样式，从而让模式给人的感觉不同。这些元素包括：

❑ 大标题
❑ 大缩略图
❑ 非常宽松的布局

我们知道，如果我们修改大标题的样式，不会影响列表里的图书项目的样式，但如果我们修改作者样式，这项修改会同时作用于这两个地方。

通过查看内容结构和样式之间的关系，能找到更多可复用的模式。试着把所有的模式看一遍，比对基础内容（"书名"）和样式名称（"大标题""小标题""小的元数据"）。类似地，这样也能看到字符数或图像大小的变化。如果各种尺寸都标准化了，模式就可以适用于更多的内容类型。

8.5.3　命名

我们在第 5 章讨论共享的设计语言时曾提到，命名会影响模式的使用效果。精心挑选的名称可以成为构建设计体系的强大工具。

为模式命名时，要试着寻找能反映模式具体化程度的名称。如果还不确定，就先从比较具体的名称开始。例如，在 FutureLearn，我们一直将课程的学习过程视为一种特殊的体验，因此有一套专门用于课程区域的模块（见图 8-10）。

图 8-10　FutureLearn 课程概览区域的标签页

在这种情况下，使用"课程标签页"这一名称是合适的——我们不想在其他任何地方复用这个组件。该名称也向团队的其他成员表明，该组件不是通用的标签页，而是专属课程区域的。后来，我们决定在其他地方也使用这个模块，便将其名称改为"页面标签页"。新的名称更加通用，并向团队表明，现在该组件可以用在其他区域了。

有时，模块的命名是在前端工作中完成的，但命名也是用户体验工作的一部分，因此应该在模块的设计阶段由两方面人员协作完成。为模块命名时，需要考虑内容的类型，但命名不应该仅基于内容。有效的名称能指导使用，并减少模式重复的可能性。

8.6　在更小的维度上重复目的导向的清单过程

在对部件分组完成后，请将目的导向的清单过程应用到其他的元素上。通常，这个过程会涉及多个进程，一个进程用于讨论宏观的用户行为，其他的则用于考察更小粒度的模式，例如：

- ❑ 按钮和链接
- ❑ 标题
- ❑ 列表
- ❑ 标签页和菜单
- ❑ 单选按钮、切换按钮和复选框
- ❑ 反馈消息
- ❑ 导航
- ❑ 图像
- ❑ 图标

如果有一些元素具有相似的目的，就需要将它们放在一起考虑，而不是分开处理。按钮和链接有何不同？标签页式的导航和列表式的菜单有何不同？下拉列表和一组按钮有何不同？复选框与切换按钮有何不同？[①]

以下是在对链接和按钮进行评审的时候需要考虑的点。

8.6.1　操作的一致性

按钮和链接

从传统上讲，在 Web 开发领域，链接和按钮是不一样的。链接用于将用户从当前页面导向其他地方，按钮则用于提交某项操作，以及切换界面中的某些内容。[②]但实际上，仅仅依靠这项标准，仍然很难做出设计决策。

假设有一个图书项目，上面带有"查看图书"的按钮。单击该

---

① 你可以找到一些通用指南和最佳实践，例如 Bill Scott 和 Theresa Neil 的《Web 界面设计》、Jenifer Tidwell 的《界面设计模式》都是这方面的好书，但有些东西是你们特有的。此外，还有一些东西对团队里的某些人来说是常识，但其他人并不熟悉，那么这些东西仍然值得用语言表达出来。

② 参见 Marcy Sutton 的文章 *Links vs. Buttons in Modern Web Applications* 和 Dennis Lambrée 的文章 *Proper Use of Buttons and Links*。

按钮，可以将模块展开，显示关于该书的更多信息。如果现在希望打开新页面来呈现这些信息，是否意味着这项操作应该以链接的形式呈现呢？

同很多其他事情一样，混淆往往源于语言。有些人（通常是开发人员）将按钮定义为提交数据的触发元素。因此，他们不会将标记为链接的按钮视为真正的按钮。其他一些人（通常是设计师）则认为按钮不过是某种独立的行动召唤。他们会将“查看图书”称为按钮，哪怕它被标记为链接。

对此，不同的设计体系有不同的处理方式。在 IBM 的 Carbon 设计体系中，链接是导航元素（见图 8-11），按钮只能用于对数据有改动的用户操作。而在 Shopify 的 Polaris 设计体系中，按钮可以用来表现包括导航在内的任何类型的操作，链接既能用于嵌入式操作，也能用于导航。

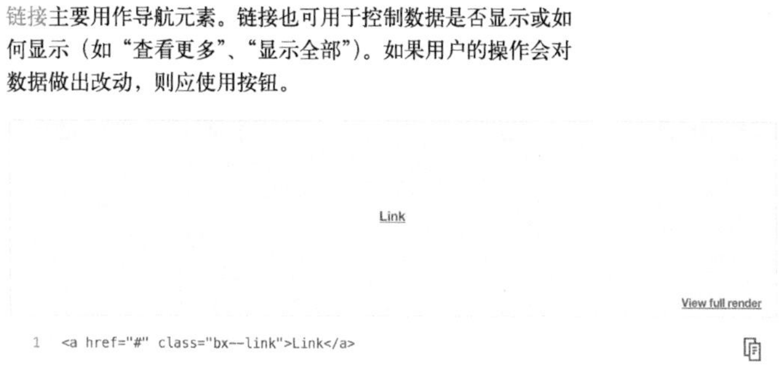
链接主要用作导航元素。链接也可用于控制数据是否显示或如何显示（如“查看更多”、“显示全部”）。如果用户的操作会对数据做出改动，则应使用按钮。
Link
View full render
1 <a href="#" class="bx--link">Link</a>

图 8-11　IBM Carbon 设计体系中链接的用法

对我而言，最重要的是**对目的的一致表述**。用户（既包括直接以视觉方式访问界面的用户，也包括使用屏幕阅读器的用户）需要对结果有预期。如果按钮总是用于提交数据，却在一种情况下表现得像链接，用户就会感到困惑。但是，如果在整个界面中都将链接做成按钮的样式，例如独立的行动召唤按钮，这也是合理的。

为了避免混淆和误用这些重要元素，一定要对它们的定义达成共识。在你的团队里，"按钮"和"链接"共同的含义是什么？它们的基本用法是什么？

Heydon Pickering 在《包容性 Web 设计》中提到了一种非常简单有效的区分方法。这种方法是区分链接和行动召唤（call to action，CTA），而不是区分链接和按钮（见图 8-12）。一个重要的独立操作可能表现为一个按钮的样式，但其标记既有可能是按钮，也有可能是链接，这取决于其交互形式。但这个独立操作是链接还是按钮的问题，应理解为它属于哪种 CTA 变体的问题——它首先是一个 CTA。

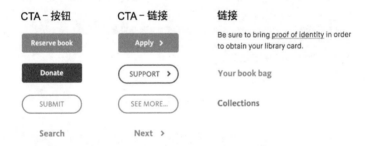

图 8-12　对按钮和链接进行分类的示例。此外，两种 CTA 可以在样式上有细微的差别，指示交互上的差异

如果操作的过程发生在当前页面上，就使用 CTA 按钮。如果操作会将用户带到其他页面，就使用 CTA 链接。还需要区分标准链接和 CTA 链接，标准链接代表的是通向其他内容的入口，通常嵌在内容里面，如正文、标题、图像等内容里都可以嵌入标准链接。

这种区分方式不仅满足了突出显示 CTA 的设计要求，还有助于保持代码简洁易用。

8.6.2　视觉层次

大多数界面都有主要按钮和辅助性按钮。但"主要"究竟意味着什么呢？它表示的是整个界面里最重要的操作，还是特定界面里最重要的操作？例如，"预订图书"是图书馆网站里的重要操作，那么"预订图书"按钮是否应该总是使用某种特别的样式呢？

在 Marvel 的设计体系中，"扁平"按钮用于"必要的或强制的操作"，"幽灵"按钮[①] 用于"可选的、低频的或微小的操作"。如果两个"扁平"按钮对应的操作是同等重要的，那么这两个按钮可以并排在一起。我喜欢这种划分方式，因为它简单、清晰，并考虑到了按钮的用途。

但是对于拥有大量按钮的更复杂的界面，很难考虑到如此具体的功能。这时就需要考查不同按钮在一起使用时的相互关系了。在 Atlassian 的设计体系和 Shopify 的 Polaris 设计体系（见图 8-13）中，主要按钮用来表示"所有体验中最重要的操作"，因此每个界面只能出现一次主要按钮。

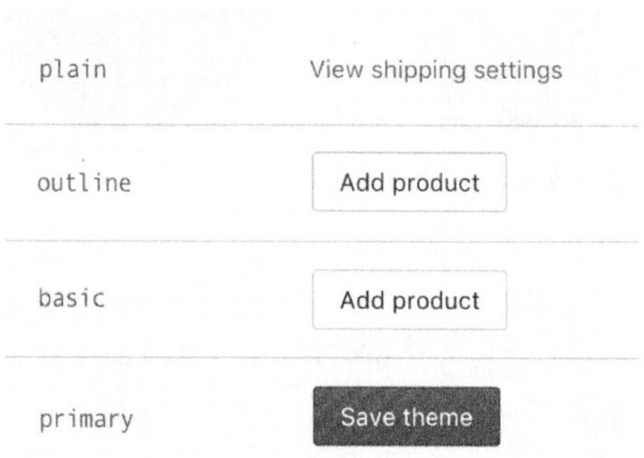

图 8-13　Polaris 中的一些按钮类型（按突出程度由低向高排列）

———————————

[①] 幽灵按钮指的是背景透明、带外框线的按钮。——译者注

在这些设计体系中，都有一个"基本"按钮，用于默认情况。只有出现"一个按钮需要表现得较重要或较不重要"的情况，才会考虑用其他样式。不妨这样思考：如果界面是通过语音读出来的，那么首先会读出哪个操作？哪些操作会读得更大声？哪些操作会用不同的语调读？

8.6.3　特例

总会有一些特殊情况。在图书馆网站的例子中，对"预订"按钮需要特殊处理。不同的状态会产生不同的操作，例如，如果尚未取书，按钮上的文字就可以更改为"取消预订"。

FutureLearn 的"进度切换"按钮（见图 8-14）也可以看作一个特例。它只在学习步骤中出现，指示步骤是否完成。弹跳动画和勾号图标旨在给人一种庆祝的感觉，没有其他任何作用。

图 8-14　进度切换按钮

也许正是由于这种特殊性，我们才会纠结于它的命名——我们想出一个通用名称（"进度切换"按钮）的同时，也意识到它可以有一个跟其功能密切相关的名称，在这种情况下，"标记完整"按钮都是一个更合适、更令人难忘的名称。

对于"进度切换"按钮和"预订"按钮，我们都尽力让它们变得让人难忘。它们是品牌的关键功能，也可以说是形成标志性时刻的机会。

像这样的特例应该只能偶尔出现。它们拥有特殊的外观，也不能打破一般的模式规则。

8.7　小结

在本章中，我们对界面的一小部分做了系统化工作。你的团队走完这个过程后，你将对自己的设计体系和需要注意的地方有更多的了解。

接下来，团队就可以将精力放到代码和 Sketch 上，来完成模式的最终设计了——确保模式涵盖了所有必要的用例、定义各种状态和行为，并对代码进行重构。

第一次进行这项练习的时候，你可能会迷失在数目众多的元素和模式中。但不必一次就做完所有的工作，你可以从构成基础体验的核心模式开始，完成之后再转向另一个领域。重要的是，随着设计体系的发展，这项工作需要定期开展。这有点像园艺——你离开它的时间越长，它就越难以保持良好的形状。

下面，我们转向感知性模式。

第9章

感知性模式的系统化

本章将描述如何定义感知性模式，以及如何将其集成到设计体系中。

最近，在我使用的两款产品里面，有一样东西引起了我的注意，就是手风琴控件的设计。两个界面中的手风琴控件看起来很像，功能也一样（都是标准功能），即对内容的不同部分进行展开和折叠。在大多数人眼里，这两个组件"看起来都是舒服的"。但不知何故，其中的一个有些不够完善。鼠标悬停效果太过细微，过渡动画有点慢，当前选定的状态没有突出显示，标题和正文的差异不够大。

而另一个则似乎所有细节都恰到好处。相同的模式——配色、过渡、对比、排版——贯穿整个界面，让人感觉牢不可破，是精心打磨出来的。尽管这两个产品的实用性差不太多，但其中一个给人的感觉是可靠的，而另一个给人的感觉是脆弱的。

有时我们认为，如果美观不是我们所追求的，我们就没有必要重视审美："这只不过是一个工具，没必要让它显得特别。"但是，这样想的话，我们就错过了影响产品感知的重要机会。当然，重要的不是样式本身，而是它们产生的**效果**。工具应该具有可用性和有用性，但它也应该让人感觉简单、安全和稳健。

为了用一种可靠、可扩展的方式去影响用户的感知，我们需要熟悉创造这种感知的模式。

9.1　超越样式属性

考虑配色、排版、间距及其他样式的时候，最明显的方法是使用属性值：颜色值、文本大小、长度等。

以配色为例。很多模式库讲到配色的时候，就用一组颜色值来表示（见图 9-1）。

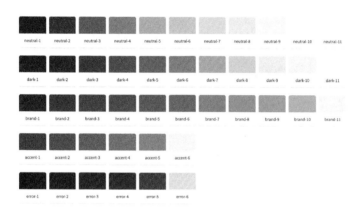

图 9-1　Pivotal 的颜色值展示了呈现颜色信息的常用方法

即便给出了标准化的调色板，仍然有很多需要解释的地方。这些颜色值代表什么？使用绿色时，应该选择哪种绿色？不同的颜色如何搭配？

颜色的轻微差异并不是问题？对于熟悉设计体系的人来说，这种想法显然与他们的直觉不符。事实上，如果蓝色在整个界面中具有一致的**含义**，那么即便有二十种蓝色也不是问题。但如果蓝色一会儿代表链接，一会儿又代表不可点击的标题，就会引发可用性问题。仅仅把一组颜色值共享出来是不够的，还需要共享不同的环境下的**颜色的用法**。

类似地，仅仅把不同的字号列出来也无法提升排版的质量。在

FutureLearn，即使我们已经标准化了所有的文字大小，形成了统一的尺度，但仍然会发现字号不统一的标题——设计师和开发人员都不确定需要选择字号列表中的哪种大小。因此，我们需要针对排版提供清晰明确的使用指南（见图 9-2），并让每个人都理解。

	viewport: < 679 content: 576	viewport: 680 - 1694 content: 648.0	viewport: 1695+ content: 728.96
pico	11.24 / 16.05	12.64 / 19.78	14.22 / 22.00
nano	12.64 / 17.80	14.22 / 22.00	16.00 / 24.50
micro	14.22 / 19.78	16.00 / 24.50	18.00 / 27.31
milli	16.00 / 22.00	18.00 / 27.31	20.25 / 30.48
uno	18.00 / 24.50	20.25 / 30.48	22.78 / 34.04
kilo	20.25 / 27.31	22.78 / 34.04	25.63 / 38.04
mega	22.78 / 30.48	25.63 / 38.04	28.83 / 42.55
giga	25.63 / 34.04	28.83 / 42.55	32.44 / 47.61
tera	28.83 / 38.04	32.44 / 47.61	36.49 / 53.32
peta	32.44 / 42.55	36.49 / 53.32	41.05 / 59.73
exa	36.49 / 47.61	41.05 / 59.73	46.18 / 66.95
zetta	41.05 / 53.32	46.18 / 66.95	51.96 / 75.06
yotta	46.18 / 59.73	51.96 / 75.06	58.45 / 84.20
bronto	51.96 / 66.95	58.45 / 84.20	65.76 / 94.47

图 9-2　这份字号列表为 FutureLearn 所有的排版奠定了基础

如果我们希望定义样式的时候能表达出模式的目的，并促进用法的一致性，我们该怎样做呢？和以前一样，我们将先从较高的层次开始，再深入了解细节。对于功能性模式，我们先关注用户行为。对于感知性模式，我们将从美学特征入手。

9.2　美学特征与标志性模式

每个界面都会给人某种感觉，哪怕它只有文字或者只有声音。有效的样式不会流于表面，而会随着产品的发展而发展——它们反映的是产品的精神和核心设计原则（如"追求永恒，而不是追求潮流""方向大于选择"等）。想想这些品质是如何体现的——是什么让你的产品感觉永恒、实用、传统、新潮、温暖或是可靠？

如果设计已经存在一段时间了，再去解析模式就不容易了。我们已经知道，随着产品的发展，其核心美学特征可能会发生变化（参见第 4 章中 FutureLearn 的例子）。考察样式时，你可能会注意到，有的样式比其他样式更为有效，或与品牌有更强的关联。

如果想让整个团队（不仅是设计师）都聚焦到一个页面，不妨从标志性模式 [1] 的创建开始做起，尤其是当团队成员还不善于创建感知性模式的时候。

让团队里的每个人写下影响产品感观的最令人难忘、最独特的元素。

❑ 当人们想到你们的产品时，最先想到的样式是什么？
❑ 用户是如何评价你们产品的审美的？
❑ 在用户的反馈中，是否有一些经常提到的时刻？（例如"那个粉红色的对勾总能让我开心地笑起来"。）

还可以试着去找那些与品牌调性不符的设计，例如，"我们要的是细微的变化，而不是快速地弹跳"。

不仅要考虑属性，还要考虑更高级别的原则、不同元素的组合以及它们之间的关系。例如，不能简单地把颜色列出来，还

---

[1] 参见第 4 章。

要说明它们之间的比例："主要是白色，辅以粉红色和蓝色点
缀。"此外，还可以为模式配上典型示例。

做完的列表可能是下面（见图 9-3）这个样子的：

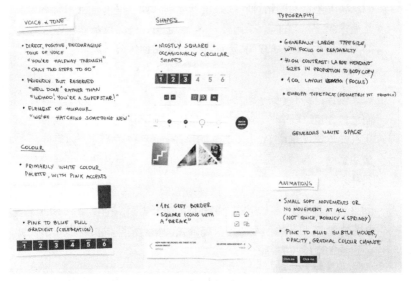

图 9-3　寻找 FutureLearn 的标志性模式的实践

我发现，团队成员一起寻找标志性模式，能为整个感知性模式
的创建过程提供指导和灵感。例如，在检查形状的时候，如果
圆形是界面中一个显著的特征，而你发现在某些情况下使用了
方形，你就会觉察出问题。

9.3　识别感知性模式

处理完标志性模式之后，就可以依次处理每一种样式了。样式
的种类包括以下这些：

❑　配色

- ❑ 交互状态
- ❑ 动画
- ❑ 排版
- ❑ 间距
- ❑ 图标样式
- ❑ 形状和边框
- ❑ 插图
- ❑ 照片
- ❑ 语气和语调
- ❑ 音效

在处理以上每一个类别的时候，都可以用下面这些简单的步骤将其系统化。

(1) 从目的开始。
(2) 收集现有元素并对它们进行分组。
(3) 定义模式和模块。
(4) 形成统一的指导原则。

很难一次性处理完所有的样式。每个类别都需要有各自的界面清单，如果后续出现界面上的改动，可能还需要花一些时间将这些变化集成进来。

在处理这些样式类别的时候，可能会产生重复的内容。排版和间距、颜色和文字、形状和边框、边框和图标，它们之间都有可能产生内容上的重叠。但这并不是坏事，因为你构建样式时可以参考其他已经定义好的属性，还可以清楚地看到它们之间的关系。例如，你对色彩的定义会用于交互状态，对交互状态的定义会用于动画。在处理排版和间距的时候，可以看到字号大小是如何影响文字周围的间距的。

9.4　配色

第一步的目标是让颜色的使用更加一致。为此，我们将首先列出颜色在界面中扮演的**角色**。

9.4.1　从目的开始

用词很重要。对目的的表述不应该太模糊或者太空洞。加拿大政府的"Web 体验工具箱"（Web Experience Toolkit）里面有这样的陈述："为元素设置颜色，要么是为了装饰，要么是为了传递信息。"这样的表述作用不大。

需要表述得更明确一些。例如，颜色可以用于：

❑ 显示不同类型或不同层级的文本（正文、标题、块级引用等）
❑ 突出显示链接和操作（主要 CTA、辅助性 CTA、链接等）
❑ 提请注意消息，并区分不同类型的消息（确认、警告等）
❑ 将内容隔开，突出显示重点内容（通过背景、边框等）
❑ 区分不同类型的数据（图表、图形等）

你所定义的角色，决定了界面清单的类别。

9.4.2　收集现有颜色并分组

尽管我喜欢纸质的模式清单（因为纸张是有形的），但通过在纸上剪切样式来对样式进行评审，显然不太可行。用 Google 文档可以更好地完成这份工作，此外还可以用 Keynote、PowerPoint以及 Sketch——任何适合你的工具都可以。

你固然可以为每个类别都新建一份空白文档，并根据实际情况修改表头、增加字段，但最好不要从空白文档开始（见表 9-1）。

表 9-1　在 Google 文档中对颜色进行评审的初始类别的例子

突出显示的链接和操作

类　　型	示　　例	值	感　　觉
主要 CTA			
辅助性 CTA			
链接			

显示不同类型或不同层级的文本

类　　型	示　　例	值	感　　觉
正文			
标题			
块级引用			

将内容区隔开，突出显示重点内容

类　　型	示　　例	值	感　　觉
背景			
边框			

每个类别都有以下几列。

❑ **类型**：指定使用颜色对象的类型，如行动召唤、标题、反馈消息等。

❑ **示例**：添加元素的屏幕截图，以显示颜色用在哪里。

❑ **值**：指定十六进制的颜色值。

❑ **感觉**：如果颜色的目的是创造某种情绪或感觉，请在此说明。

最终，你会得到一张按目的进行分组的颜色实例的表格。下面（见表 9-2）是对公共图书馆网站界面中的链接和按钮进行评审的例子。用同样的方式，还可以对文本颜色、反馈消息、背景、边框等要素进行收集和分组。

表 9-2   在 Google 文档中对链接和按钮进行评审

突出显示的链接和操作

类　　　型	示　　　例	值
主要 CTA	SEARCH	■#1B7FA7
	Request the book	■#0095C8
支持性 CTA	⋯ SEE MORE	■#E32B31
	DONATE	■#E32B31
	$100	■#BB1D12
	SUBMIT	■#2799C5
	Search 🔍	■#1B7FA7
链接	Collections Locations	■#5F5B54
	International Visitors	■#36322D
	‹ HOME	■#7B756F
	Atmospheric	■#0095C8
	My Book Bag	■#1DA1D4
	YOUNG ADULT	■#CC1A16

有些颜色会产生特定的感觉。在 TED 网站的界面中，黑色的页眉会营造出一种电影的感觉。在 FutureLearn 网站上，当学习者完成一个里程碑后，一种从蓝色到黄色的渐变效果能营造出一种欢庆的气氛（见图 9-4）。

图 9-4   FutureLearn 网站上用于庆祝里程碑的渐变

如果有能给产品带来特定情感属性的颜色，一定要多加留意。滥用颜色会削弱选择该颜色的初衷。例如，如果在 FutureLearn 促销模块中也使用上面的渐变，就会削弱该渐变与庆祝里程碑这个动作之间的联系。

9.4.3　定义模式

下面，你便可以根据颜色的目的（甚至感觉）来定义其用法的模式了。什么时候使用蓝色的链接，什么时候使用灰色的链接？红色的行动召唤有什么含义？为什么有些背景是灰色的，有些背景却是色彩鲜艳的？黑色的标题和红色的标题有什么区别？

不必急着确定十六进制的颜色值，重要的是对界面上**颜色的用法**达成一致。下面（见图 9-5）是为链接和按钮定义模式的一个示例。

图 9-5　图书馆网站上如何定义链接和按钮的颜色模式

目的优先意味着有时需要改变颜色的用法。例如，如果可点击的元素是红色的，我们就希望所有红色元素都是可点击的（如图 9-5 所示）。但在下面（见图 9-6）的例子中，你会发现红色的"Recommendations"（推荐图书）标题是不可点击的。在这种情况下，我们可以考虑将标题的颜色改为黑色，或者让标题变成可点击的。

图 9-6　图书馆网站上一个不可点击的红色标题

还需要注意到，这些决定可能会改变整个网站的审美。如果我们决定将链接和行动召唤由蓝色改为红色，就有可能导致一个明显的整体变化——突然间多了很多红色，少了很多蓝色。

在 FutureLearn 的界面中，我们曾考虑将课程进度模块中用到的方形改为圆形，改完后才意识到课程进度是一种标志性模式，改变形状会导致品牌感觉的变化。

理解标志性模式可以帮你找到改变的平衡点，确保现有的美学特征不会被弱化。如果你的目标是对当前设计进行改版，那么改版工作就需要在对模式进行系统化之前完成。

9.4.4　指定模块

在调色板里面，一种颜色有数十种变体的情况并不罕见（Marcin Treder 在为 UXPin 构建颜色库时指定了 62 种灰色）。大多数时候这样做都是没有必要的，这会给设计和编码带来不必要的复杂性。

这一步的目标，是增加配色的集中度、准确性和可访问性。通常来说，这意味着要减少每种颜色的变体的数量。

下面是一些对此过程很有帮助的提示。

1. 仅从需要的开始

目的导向的调色板的优势在于它可以引导你的选择，限制颜色数量。从颜色的角色和含义入手，就很容易弄清楚到底需要多少种选项。例如，通过思考在何处使用蓝色、如何使用蓝色，你可能发现，只需要三种蓝色的变体就够了（见图 9-7）。

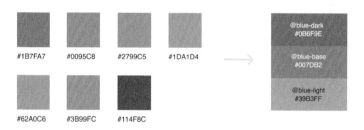

图 9-7　减少变体的数量

根据具体情况的不同，不同明暗色调的变体的数量也会有所不同。在 FutureLearn 的界面中，我们为了让调色板保持清爽，有意避免了指定相同色相的不同明暗度的变体（见图 9-8）。这样做有利于保持配色体系简单、聚焦。

相反，原型制作工具 UXPin 却提供了明暗两种色调的模式（见图 9-8），这意味着它的调色板里每种色相都需要有几种明暗度不同的颜色，才能确保在明暗两种模式下都有足够的对比度。

有时，你确实需要有比较多的颜色选项，特别是有多个主题的时候，或者需要处理数据可视化的时候。但一定要避免为追求调色板的多样性而添加颜色。选项越多，体系就越复杂，也就越难实现配色的一致性。应当仅从你需要的东西开始，然后在此基础上开展其他工作。

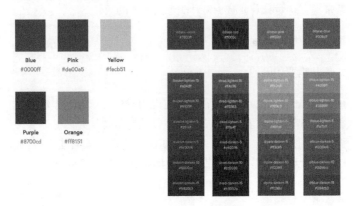

图 9-8　对比（左）FutureLearn 的颜色和（右）UXPin 的颜色，可
　　　　以看出不同界面对颜色变体的需求是有差异的

如果一种颜色有两种以上的变体，还可以先设置一个基准的颜
色值，再为其他色调指定明暗度数值：比基准亮 20%，比基准
暗 20%，等等。基准颜色值提供了一致的默认值。当我们需要
考虑很多选项的时候，仅使用默认值和增减量更容易记忆和使
用。指定基准值和增减量的方法也适用于其他感知性模式，如
排版（基准字号）、间距（基准测量单位）和动画，我们将在
后面讲到这些。

2. 确保颜色对比度的可访问性

有必要测试文本颜色和背景颜色的对比程度。根据需要调整或
删除颜色值，限制颜色的数量。例如，如果图书馆网站上有
好几种浅灰色用于表示辅助性链接，但其中只有一种通过了
WCAG 2.0 标准 [①]，那么，该选择哪一种浅灰色作为辅助性链接
的默认颜色值就很明显了。

① WCAG 2.0 是"Web 内容无障碍指南 2.0"（Web Content Accessibility
Guidelines 2.0）的简称，它是一份 W3C 推荐标准。——译者注

有很多工具可用于检测颜色对比度，例如 Lea Verou 做的 Contrast Ratio（见图 9-9）就是其中之一，该工具相当方便易用。

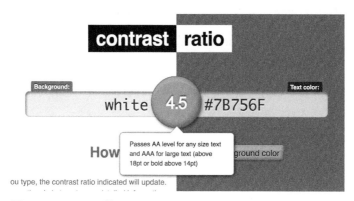

图 9-9　Lea Verou 的 Contrast Ratio

值得一提的是，调整颜色值需要仔细地平衡好整体的美感。比如，将蓝色加深，可能会让整个界面突然产生另一种感觉，变得不那么活泼。如果你在创建调色板的时候没有考虑颜色的可访问性，此时再去调整色彩就需要多花一些精力。[1]

可以为浅色和深色背景分别引入不同的强调色，可以将彩色背景上的文字从浅色改为深色或从深色改为浅色。还有很多工具可以用来生成对比度合理的色彩组合，或者为原始配色寻找具有可访问性的替代方案，例如 Color Safe 和 Tanaguru Contrast Finder。[2]

9.4.5　就指导原则达成一致

最后，团队需要就使用颜色的基本原则达成一致。指导原则有助于更加整体地看待配色，而且，当某些东西出现异常时还能

---

[1] 如果一个项目在一开始就将颜色的可访问性作为一个重要指标，就不会得到差别这么大的调色板。

[2] 若想进一步了解平衡美学方面的内容，强烈推荐 Geri Coady 的 *Color Accessibility Workflows*。

参考它们。有些原则是比较通用的，例如"必须确保有可访问性的颜色对比度"，有些则是品牌特有的，可以在设计标志性模式的过程中定义。

例如，在 Sky 的 Tookit 设计体系里，该团队解释了使用最小调色板的原因。

我们用描述性的内容来定义实际用到的颜色。我们不会用颜色值来定义我们的网站或网站里的内容。"

牛津大学的样式指南清晰地说明了应该如何使用他们定义的颜色，以及为何使用这些颜色。

牛津蓝（深色）主要用于页面的一般元素，例如页眉和页脚的背景。这让整个网站都呈现强烈的品牌感。但由于这些区域的品牌感如此强烈，因此不建议在其他地方大面积地使用该颜色。不过，它可以用于一些较小的元素，如活动日期图标、搜索框、筛选框等。"

9.5 动画

即便面对更复杂的模式（如动画），我们还是可以遵循相同的步骤：从目的开始，收集现有样式并对其分组，定义模式和模块。这次，我们以 FutureLearn 为例。

9.5.1 目的和感受

确定动画所承担的角色。举例如下。

☐ 让交互状态之间的**过渡变得轻柔**，例如鼠标悬停时的动画。
☐ 对特定的内容或操作**加以强调**，例如鼓励用户前进到下一步。
☐ **隐藏或显示额外信息**，例如隐藏在侧边的菜单、下拉菜单、弹窗等。

动画的感觉是另一个需要着重考虑的方面。在 *Designing Interface Animation* 一书中，作者 Val Head 提到了如何用描述品牌特性的形容词来定义动作。轻快的弹跳动画给人的感觉是充满活力的，而平缓的动画给人的感觉是明确的、稳定的。

在整个界面上，有效且有意义的动画应当给人的感觉是有明确目的的。

9.5.2　评审现有动画

明确了动画在界面中扮演的角色和给人的感受之后，就该对现有的动画进行评审了（见表 9-3）。收集现有的动画，并对它们进行分组，就像我们之前处理颜色一样。可以使用 QuickTime 或其他屏幕录制软件来制作动画示例。

表 9-3　FutureLearn 团队在 Google 文档中对"状态过渡动画"进行评审

让交互状态之间的过渡变得轻柔

效　　果	示　　例	时长与过渡效果	属　　性	感觉
颜色改变	按钮和操作链接 Go to course – started 3 Oct	2 秒渐变	粉红色→蓝色	平静、轻柔
颜色改变	步骤导航 STRUCTURE AND STUDY TECHNIQUES ARTICLE 问答 ○ 1984 ○ 1987	0.4 秒淡入淡出 0.4 秒淡入淡出	白色→灰色	平静、轻柔
背景渐变为白色	进度 90% 83% 56%	淡入 −0.3 秒，淡出 −1.1 秒	不透明度 0 → 0.15	平静、轻柔

（续）

效 果	示 例	时长与过渡效果	属 性	感 觉
前景颜色渐变	类目 Online & Digital	0.4 秒渐变	不透明度 0.57 → 0.65	平静、轻柔
放大	问答导航	0.3 秒渐变	尺寸 1 → 1.2	平静、轻柔

9.5.3 定义模式

根据目的和感觉定义动画用法模式。在 FutureLearn 的界面中，强调动画通常感觉比较有趣，而状态变化的过渡动画则较为微妙和平静。

如果这是你在整个设计体系中希望形成的调性，就试着将所有的动画统一成这种样式。同处理标志性模式一样，将效果好的动画当作示例（即有效地实现目的并具有正确的感觉），并将这些属性放到同一类别的其他动画看一看。最终，你会得到一些模式（见表 9-4）。

表 9-4　FutureLearn 上按目的和感觉分组的动画模式

目 的	动画效果	感 觉
交互状态改变	**颜色**，2 秒渐变 **透明度**，淡入：0.3 秒，淡出：1.1 秒 **缩放**，0.4 秒渐变	平静、轻柔
展开信息	**向下滑动**，0.4 秒动画 **向上滑动**，0.7 秒渐变 **淡出**，0.3 秒渐变 **旋转**，0.3 秒渐变	平静、轻柔
强调	**激烈跳动**，0.3 秒动画 **轻微跳动** **摆动**，0.5 秒动画	活泼、有趣

9.5.4　指定模块

关于动画有两个重要的概念：时长和过渡效果。它们是密切相关的。时长即动画的过程需要多长时间。如果确定了距离，时长就决定了速度。过渡效果定义了动画是如何进行变化的，它是从慢到快的（淡入），还是从快到慢的（淡出）？此外，我们需要定义动画中需要变动的属性，如颜色、不透明度、大小等。

时长对动画至关重要。想要让不同的动画在时长上给人一致的感觉，并不意味着需要指定完全一样的时长数值。两个元素如果大小不同，或者移动的距离不同，哪怕它们用一样的速度完成动画，给人的感觉也完全不一样。

我喜欢 Sarah Drasner 的观点，她认为，对动画时长的处理方法可以类比排版中对标题的处理方法。对于动画时长，不要只指定一个数值，可以先指定一个基准值，再逐级提升，就像我们处理标题的排版一样。例如，假定基准时长为 0.5 秒，则行程较短的动画（如放大图标）需要的时间也较少，行程较长的动画（如弹出菜单）需要的时间也较长。全屏过渡动画则比基准值高一到两个增量。

9.5.5　就指导原则达成一致

如果你的团队对创建动画还不够自信，那么定义一般性原则，比如"将动画用在交互中最重要的时刻""别让动画妨碍任务的完成"便很有价值。

最有用的原则通常是与团队实际相结合的。例如，Salesforce 的 Lightning 设计体系中有一条原则是保持动画简短、轻柔。

指导原则还可以包含来自现实世界的隐喻，这可以为动画设计师提供有用的心智模型。Google 的 Material Design 便提供了一个很好的例子，它对如何将界面视作物理材料做了说明，这可以为设计师和开发人员考虑应用里的动画提供不错的参考。①

9.6 语气和语调

用户界面中的语气和语调对产品感知有着至关重要的作用。对于基于语音的界面，以及任何需要用除视觉之外的感官去体验的数字产品，语气和语调尤其重要。Léonie Watson 是一位无障碍专家，由于失明，她也是一名屏幕阅读器用户。她在最近的一次访谈中提到，她对数字产品的体验"主要来自写作风格"。

但是，团队里定义交互和模式的人往往不是处理语气和语调的人。这可能会导致在整个用户体验中形成一种割裂、凌乱的文案写作风格。为了确保语气和语调的一致性，设计、品牌和营销团队需要一起合作定义这方面的模式。

9.6.1 评审语气和语调的模式

除了使用 Google 文档，评审语气和语调的模式还有一种更有创意的方法。内容策略分析师 Ellen de Vries 在她的一篇博客文章② 中提到了自己在 Clearleft 更新语气和语调的故事，分享了自己是如何"收获"语言模式（见图 9-10）的，从人们在会议和演讲中使用的短语，到与创始人的非正式对话。他们甚至做了一个情绪板，探究语言和图像是如何在 Clearleft 网站上协调一致的。

---

① 想了解更多关于这个过程的描述，参见本书作者的文章 *Integrating Animation into a Design System*。
② *Take a closer look at the patterns in our language*，作者 Ellen de Vries。

图 9-10　Clearleft 的语气和语调模式清单

9.6.2　定义模式

收集完材料之后，便可以定义模式，编写关于如何在界面中使用它们的指导说明。MailChimp 的 Voice & Tone（见图 9-11）是定义语言模式方面最有效的范例之一。当用户的情绪状态发生变化时，语调也应该跟着变化：什么时候适合用轻松、幽默的语调（如"干得不错"），什么时候适合用严肃、务实的语调（如"我们的一个数据中心遇到了问题"）。

图 9-11　MailChimp 在用户获得成功时使用轻松的语调，在用户遭遇失败时使用严肃的语调

类似地，Salesforce 也对常见用例做了拆解，并为每个用例提供了建议的模式（见图 9-12）。需要传递的信息的目标会影响情绪基调，例如，"提供建议的解决方案时，要使用轻松的语言"。

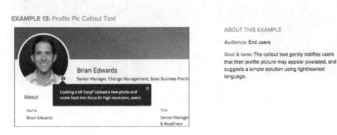

图 9-12　Salesforce 语气和语调指南中的示例模式

9.6.3　就指导原则达成一致

同总体的设计原则（参见第 2 章）一样，单个样式的指导原则也应该避免模糊不清的情况。Intuit 的设计体系不仅列出了处理语气和语调的原则（"引领""简单""有趣"），还解释了如何做到这些（见图 9-13）。

图 9-13　Intuit 的语气和语调指南解释了如何应用这些原则

9.7　小结

每种样式都应该形成独立的体系——排版体系、布局体系、颜色体系，等等。它们应该相互关联，并指向一个更大的目标：塑造产品被感知的方式。

要做到这一点，首先要看全局。从整体上捕捉美学特征，并确定对表达这些特征特别有效的模式。然后，便可以对每种样式执行一个类似的处理过程。从样式在产品环境下所具备的关键角色开始，对现有的实例进行评审，再定义模式和模块。最后，通过指导原则将所有内容连接在一起，并将它们与产品的目的串联起来。

下面，我们来看记录和共享模式的工具——模式库。

第10章

模式库

本章将介绍一些建立持久的、跨领域的模式库的实用方法。

对于某些团队而言，如果没有模式库，便无法用系统化的方法去设计和打造数字产品。但如本书前文所述，模式库与设计体系并不等价，模式库只是一种记录和共享设计模式的工具。建立有效的模式库需要以设计体系为基础。在第7章中，我们讨论了建立这种基础的一些通用策略。

- ❑ 就主要目标达成一致，包括与界面相关的目标和与团队工作方式相关的目标，例如"定义并标准化可复用的设计模式""定义设计指导原则""建立模式库"。
- ❑ 将目标分解为可管理的故事，并为设计体系创建简单的路线图。
- ❑ 通过记录和分享的方式，让工作进展公开化。对很多团队来说，公开模式库促进了他们的进步，也增强了他们的信心。
- ❑ 让整个团队的人都能访问设计语言，建立知识共享的文化。
- ❑ 通过试验、研讨会和小组活动来锻炼系统化的思维方式。

根据我采访过的团队的经验，跨领域的模式库具有更强的韧性和持久性。这样的模式库能推动整个组织共享语言，并为每个人带来价值。相反，只为满足一个领域的需求而构建的模式库则更为脆弱。[1]

Sipgate 的第一个模式库有较高的技术复杂度，这阻碍了设计师的参与。当他们不了解设计体系里有哪些模式的时候，他们便可能在有现成模式的情况下，仍然使用 Photoshop 从头开始创建页面。

---

[1] 还有很多其他类型的设计文档，如品牌识别文档、前端样式指南等。在本章中，我们只讨论由团队内部人员创建的、用于支持设计体系的模式库。

通常，如果设计图跟现有模式不匹配，开发人员就不得不对现有模式进行调整。这导致了众多的 if 语句、异常以及重复的模式。"

——Mathip Wegener，Sipgate 公司前端开发人员

就算开发人员决心构建一个全面且能及时更新的模式库，如果没有设计师的积极参与，这也是不现实的。

类似地，如果模式在设计时没有考虑内容，这样的模式在日常使用中也很容易出现问题。我们设计的模式可能与特定内容的关联过于紧密，例如，在一个模块里，文字行数过多就会将重要的行动召唤按钮挤出可见区域。我们还有可能将内容放入不恰当的模式，从而导致内容和设计都无法让人满意。

在本章中，我们将重点关注如何构建能实现多个领域的目标的模式库。

10.1　内容

回顾过往，在 FutureLearn，我们花了太多时间研究工具，研究模式库应该是什么样的。但是关于如何设计和构建模式库，我们一直没有达成完全一致的意见，工作推进得很慢。不过，当我们将注意力转移到模式库的内容上面之后，我们取得了巨大的进步，团队士气也有了很大的提升。

将第 8 章和第 9 章描述的流程走一遍，就能了解模式库中可以包含的内容。可以使用 Google 文档或其他协作文档工具进行简单的记录。这样做有两个主要的好处。

❑ 首先，团队里的每个人都可以访问这些内容，并对其进行审阅、编辑、提供反馈。使用大家熟悉的、易于访问的工具，可以为更多的人提供参与的机会。

❑ 其次，Google 文档里的内容就像是一个模式库 MVP[①]——团队可以很快地开始用起来。一旦有了内容，再去考虑如何设计和构建模式库网站就会变得容易多了。

图 10-1 展示了 WeWork 的 Andrew Couldwell 是如何使用 Google 文档为 Plasma 设计体系收集模式的。

图 10-1　使用 Google 文档记录 Plasma 设计体系的模式

这样，团队就能快速了解所有核心模式及其定义，不会因为设计上的约束而影响工作进展。

10.2　模式的组织

在记录内容的时候，很容易想到的一个问题便是应该如何组织模式。一种常见的情况是团队很难就导航的结构达成一致意见。按钮应该单独出现还是跟表单元素放在一起？页脚应该放在哪里？分页应该放进导航区域吗？

---

① MVP 是"最简可行产品"（minimum viable product）的简称，意思是恰好可以让设计者表达其核心设计概念的产品。——译者注

内容组织结构不一定在一开始就很完美——你可以（且很可能
会）在以后对其进行修改。重要的是团队各成员保持同步。随
着模式库的发展，使用一种通用的方法组织模式，会让添加和
查找内容变得相对容易。这种思路不仅适用于模式库，还适用
于前端架构和设计文件。

下面，我们来看一些通用的方法。

10.2.1　提炼感知性模式

最简单的划分结构的方法，是将模式库分为组件和样式（即功
能性模式和感知性模式）。如我们在第 9 章里看到的那样，感
知性模式是彼此关联、相互协调的。通过将它们提炼，可以更
容易地理解它们在设计体系中的作用。下面是不同设计体系里
对功能性模式和感知性模式的称谓（见表 10-1）。

表 10-1　将功能性模式称为"组件"似乎是普遍的共识，但感知
　　　　性模式的称谓则更加多样化

模 式 库	功能性模式	感知性模式
Airbnb DLS	组件	基础
Atlassian	组件	基础
BBC GEL	设计模式	基础
IBM Carbon	组件	样式
Lonely Planet Rizzo	UI 组件	设计元素
Marvel	组件	设计
Office Fabric	组件	样式
Salesforce Lightning	组件	设计符号
Shopify Polaris	组件	视觉效果

10.2.2　组织功能性模式

虽然样式的数量是有限的，但功能性模式的数量有可能持续增
长。如果找到模块不是很方便，就会极大地妨碍模式库的使

用。如果团队成员不知道某个模式的存在，或者无法找到他们需要的模式，他们就有可能创建新的模式，或者违背模式的使用规则。

可以按字母顺序、按层级、按类型（如导航、表单元素等）、按目的组织模块，也可以用其他完全不一样的方式。

1. 按字母顺序排序

在 IBM 的 Carbon、Sky 的 Toolkit、Lonely Planet 的 Rizzo（见图 10-2）等设计体系中，组件列表是按字母顺序进行排序的。

图 10-2　在 Lonely Planet 的 Rizzo 设计体系中，大部分组件是按字母顺序排列的（尽管导航和表单元素是另外单独的组）

这种单一的列表会让决策变得很容易，因为这样做避免了关于如何分类的争论。但如果列表变得很长，难以管理，团队就会开始尝试用其他的方法，好让组件更容易被找到。

2. 按层级进行组织

另一种对功能性模式进行组织的方法，是按它们的复杂度进行分类。有些团队将低粒度元素与更复杂的元素分开。不同粒度级别的元素数量和感知复杂性都不相同。

由 Brad Frost 开创的原子设计（atomic design）是做层级分类的一种流行方法（见图 10-3）。原子是最基本的构件，它们能结合成更复杂的独立元素——分子。例如，表单标签页、输入框和按钮能结合成搜索表单。分子构成有机体（如网站页眉），有机体构成模板和页面。

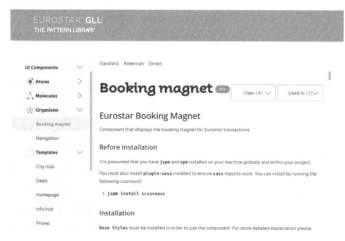

图 10-3　欧洲之星模式库里按层级组织的组件

作为一种方法论，原子设计有很多好处。将模式视为嵌套的俄罗斯套娃[①]，有助于元素的复用，因为你会留心层次的划分。对组合和封装模式的规则进行定义，能提高整个设计体系的一致性。在 FutureLearn，当我们对模块化设计思维还不熟悉时，这

---

① 俄罗斯套娃是来自俄罗斯的一种木制玩具，一般由多个一样图案的空心木娃娃一个套一个组成。——译者注

种将模块与化学类比的方法，成了我们共同的参考。

不过值得注意的是，原子设计（或任何其他方法）可能无法让你开箱即用。在 FutureLearn，我们曾对如何定义"模板"和"页面"的用法而感到纠结。因为，团队成员倾向于定义较小的元素，以便灵活地组合它们。

更可怕的是，我们花了过多的时间来讨论某些东西到底是分子还是有机体。团队成员看不到这两者之间有足够大的区别，因此干脆将它们合并了。最终，我们只有两个等级：原子和分子。

将功能性模式划分成两种以上的层级，容易让人感到困惑。不过，将粒度较小的元素与较复杂的元素区分开还是有意义的——无论是对模式库还是对代码都是如此。无论是否采用原子设计的术语，很多团队都不同程度地这样做了（见表 10-2）。

表 10-2　很多团队都不同程度地将粒度较小的元素与较复杂的元素区分开了

原子设计	原　子	分　子	有 机 体	模　板
Ceasefire Oregon	元素	组件	—	—
ClearFractal	单元	组	—	—
GE Predix	基础	组件	模板	功能
Lewis + Humphreys	元素	组件	成分结构	—
WeWork Plasma	组件	模式	—	—

一个有趣的现象是，设计体系的严格性（在第 6 章里讨论过）也反映在模式库的结构上。模式的粒度越低，设计体系就越松散和灵活。

比较严格的设计体系（如 Airbnb 的 DLS 和 GE 的 Predix）会定义比较大的模式：用户流、模板和页面。而像 TED 和 FutureLearn 的设计体系则会定义比较小的部件，为设计师留下根据自身需要对它们进行组合的空间。

3. 按目的或按结构进行组织

在 FutureLearn，我们尝试过多种组织模块的方法：单独一个长
列表、按层级结构组织（遵循原子设计方法）、根据在页面上
的角色进行组织（"开篇""结尾""英雄""桥梁"）。但这些方
法不是太严格，就是太复杂，总之无法使用。

经过两年的摸索，我们最后决定按目的对元素进行分类，如促
销模块、鼓励学习者进步的模块、同用户沟通的模块、社交模
块等（见图 10-4）。

图 10-4　FutureLearn 模式库里按目的分类的模块

按目的组织模式，还可以就一个模块可以用在什么地方，对团
队成员进行引导、启发。这种结构也与我们定义模式时所用的
目标导向的方法是契合的。

在 Shopify 的 Polaris 设计体系中，组件则是根据团队的心智模
型进行分类的。最初的分组正是因为一次使用开放式卡片分类
方法的可用性测试。

即使不同领域的人很难达成完全一致的意见，团队里的用户研究工作也会不断地影响模式的组织方式：

设计师更多地考虑结构，开发人员更关心功能，内容策略分析师则倾向于将两者结合起来（见图 10-5）。我们正在进行一系列可用性研究，以了解当前的组件分组方式的有效程度。"

——Selene Hinkley，Shopify Polaris 的内容策略分析师[1]

图 10-5　Shopify Polaris 中的组件是按结构和功能排列的

以上只是对模式进行组织的一些方法。重要的是，选择什么样的方法取决于使用它的人是怎么想的。要找到适合你团队的结构。如果效果不好，或者团队成员还在痛苦地寻求改变，就继续去尝试其他的方法吧。这可能需要花不少时间。即便是在那些模式库运转得很有效的团队里，我听到的最多的一句话也是"工作永远都做不完"。

---

① 出自 2017 年 8 月与 Shopify 用户体验主管 Amy Thibodeau 的电子邮件沟通。

10.3　模式文档

尽管每个模式下面都能编写很多内容，但想要立刻涵盖所有内容是不现实的，尤其是对于小团队而言。

为了更快地看到模式库的实际好处，可以先对主要模式进行简要概述。有了简单的基础之后，随时可以添加团队需要的功能特性和信息，提升模式库。下面是为功能性模式和感知性模式编写文档时需要考虑的一些问题。

10.3.1　为功能性模式编写文档

为了让文档聚焦，易于扫读，可以从以下基础内容开始：

- ❑　名称
- ❑　目的
- ❑　示例（含视觉示例和代码示例）
- ❑　变体

1. 名称

在整本书中，我一直在强调精心挑选名称的重要性。好的名称应该是聚焦的、令人难忘的，并能体现模式的目的。理想情况下，其他人应该能在不看解释说明的情况下，通过名称看出模式的目的。为了方便扫读，名称应当突出显示，与其他内容有所区别（见图 10-6）。

图 10-6   在 IBM 的 Carbon 设计体系中，突出显示了模式的名称

2. 目的

浏览模式库的时候，大多数人会略过描述，尤其是篇幅较长的描述。这就是文档需要聚焦、让重点突出的原因。通常，要解释模式是什么、有什么用，一两个句子就够了。

虽然这听起来很简单，但在实践中，想要简明扼要地讲清楚模式的目的并非易事。我们经常给出模糊的描述，这没有多大实际的价值。

看看 Sipgate 团队最初是如何描述名为"橱窗"（Showcase）的组件的：

"使用橱窗展示多种基于媒体文件的信息。"

尽管这句话准确无误，但它并没有传达出"橱窗"的目的，因此可能导致误用或重复。后来，该团队换了一种新的方法来定义模式的目的，并为其撰写说明。下面是他们这样做之后的另一个例子。

事实网格（Fact Grid）是一种短小的列表，用于列出事实或其他一些有趣的信息。使用事实网格可以让访问者对即将看到的内容快速地建立印象。"

第二种描述在表达模式的用途方面更加有效。当你读完这两句话，你甚至可以想象出"事实网格"的样子。

此外，关于以最有效的方式表达模式的目的，还有一些设计和内容上的建议，如"每个事实最多三行""最多 12 个事实"（见图 10-7）。如果能跟有内容领域背景的人一起合作定义这些内容，将是非常有用的。

图 10-7　Sipgate 的事实网格

3. 示例

好的示例能增强读者对模式目的的理解。在 Marvel 的样式指南（见图 10-8）中便有大量示例，展示不同的变体和用例。在模式中包含用户界面的示例能让指南更加实用。

图 10-8　在 Marvel 的样式指南里，很容易看出不同气泡弹框的样式差异

不好的示例会影响对目的的传达。FutureLearn 模式库里"广告牌"模式（见图 10-9）所用的示例表现不出它是一个"突出的促销元素"。如果对它进行一些修改，比如更换默认文字和背景图片，就能更清楚地传达其目的。

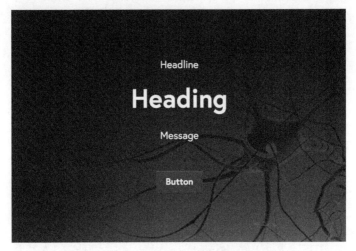

图 10-9   FutureLearn 模式库里的"广告牌"模式没有表现出其本来的目的

最好能为模式的示例配上代码，这样便能表现响应方式、交互方式和动画效果，从而以"活"的方式呈现模式。不过，在某些情况下，静态图和 GIF 图更实用，特别是当你要展示某种"活"的示例中无法创建的特定行为时（见图 10-10）。

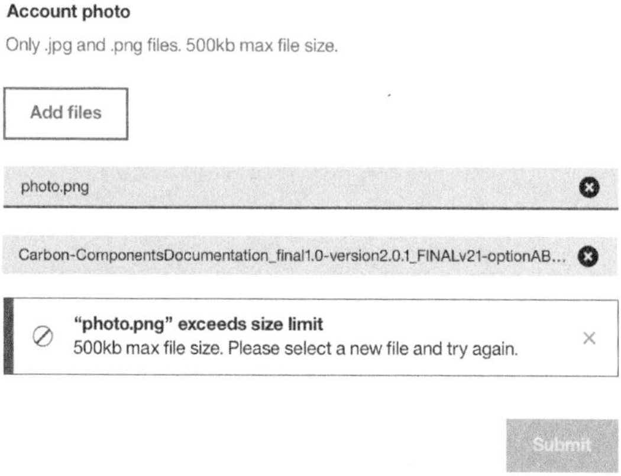

Account photo

Only .jpg and .png files. 500kb max file size.

Add files

photo.png ✕

Carbon-ComponentsDocumentation_final1.0-version2.0.1_FINALv21-optionAB... ✕

⊘　"photo.png" exceeds size limit　　　　　　　　　　　　✕
　　500kb max file size. Please select a new file and try again.

Submit

图 10-10　Carbon 同时使用"活"的示例和静态示例来说明特定的
　　　　　行为

4. 变体

把模式的各个变体一同展示出来，形成套件，能让人对模式的
内容一目了然。不仅如此，我们还需要知道不同的选项到底有
哪些不同。

尽管 Office 的 Fabric 前端框架呈现了所有的变体（见图 10-11），
却没有解释它们之间的差异。

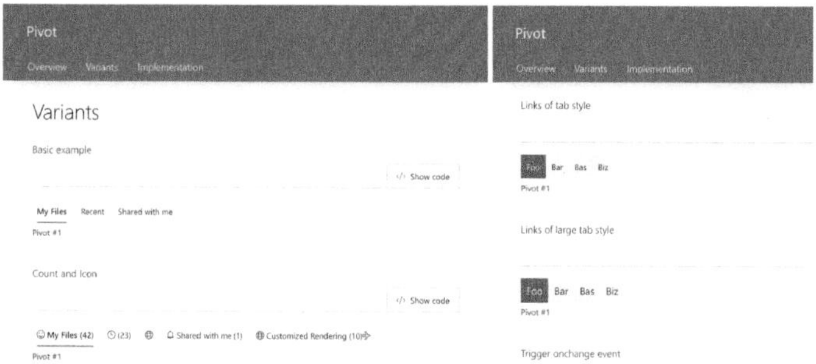

图 10-11　Office Fabric 前端框架的文档

相比之下，Carbon 则清楚地对每个变体的用途做了说明（见图 10-12）。

TYPE	PURPOSE
Range Date Picker	To select a range of dates, accompanied by a calendar widget.
Single Date Picker	When a user needs to select one date, accompanied by a calendar widget.
Simple Date Picker	When the date is known by the user, and they don't need a calendar to anticipate the dates.

图 10-12　Carbon 的文档解释了日期选择器的不同类型及它们之间的差异

类似地，Atlassian 的设计指南（见图 10-13）也描述了什么时候该用什么类型的按钮（尽管从我的角度来看，某些文字还可以更精确一些，如"当你没有任何东西需要证明时可使用此模式"）。

Button	Variation
Label only	The most general use case. Use when you have nothing to prove.
✏ Icon and label	Use when you want to draw more attention to the button, or when an icon helps to convey more meaning.
✏	Icon only - Use when space is constrained and the function of the button is obvious. A button with a label is preferred over this approach.
✏ Subtle	Use when a toolbar or standard buttons would draw attention away from more important content. It is often used at the top of a page or section and must use an icon and label.
Disabled button	Use when another action has to be completed before the button is usable, like changing a field value or waiting for a system response. Use only with primary and standard button types.
Split ⌄	A button with an attached drop menu of related actions. The labelled section shows the 80% use case action for easy access, while the attached menu shows a list of related actions (including the one shown on the button).

图 10-13　Atlassian 设计指南中对按钮各种变体的解释

还有其他很多方面对模式文档也很重要，举例如下。

❑ **组件的版本控制**。如果模式库所支持的产品有重大升级，那么，将相关 API 或 UI 元素较之旧版的变更记录下来，对某些组件来说是很有必要的。对于元素的改版也是如此。

❑ **团队成员**。将参与模式构建的人员名单列出来，就像 Sky 的 Toolkit 所做的那样（见图 10-14）。这会给人们一种主人翁的感觉，也有助于模式库未来的发展。

Contributors

图 10-14　参与 Sky 的 Toolkit 构建的人员

❏ **相关模式**。在 Shopify 的 Polaris，如果你看到的模式不是你想找的，它所列的相关模式（见图 10-15）可能就有作用了。这样做能降低模式重复的概率。

NOT WHAT YOU'RE LOOKING FOR?

To group similar concepts and tasks together, use the card component.

To create page-level layout, use the layout component.

To explain a feature that a merchant hasn't tried yet, use the empty state component.

图 10-15　Shopify 的 Polaris 上列出的相关模式

根据团队的需求，还可以包含很多其他的信息。Vitaly Friedman 在他的文章 *Taking The Pattern Library To The Next Level* 中分享了两个清单：一个是需要记录的模式的清单，一个是每个模式需要包含的内容的清单。

10.3.2　为感知性模式编写文档

在为感知性模式编写文档时，应该关注构件——调色板、排版比例，等等。不过，正如我们在第 9 章中所看到的，了解如何使用这些属性、如何组合它们，也很重要。下面是一些提示和示例。

1. 指定用法，而不仅是构件本身

关于颜色的说明不仅限于颜色值的列表。英国政府网站的样式指南说明了如何指定文本、链接、背景等元素的颜色（见图 10-16）。

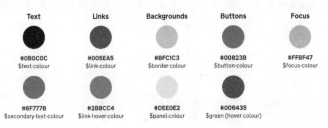

图 10-16　英国政府网站样式指南在其调色板中显示了各种模式的颜色

"应该与不应该"（dos and don'ts）的格式也很有用，特别是有可能产生误用的时候。在 Shopify 的 Polaris 中，靛蓝（indigo）和蓝色（blue）都是用于交互元素的主要颜色。该设计规范明确指出，不应该将蓝色用于按钮。因为如果不指出这一点的话，很有可能会有人这样做（见图 10-17）。

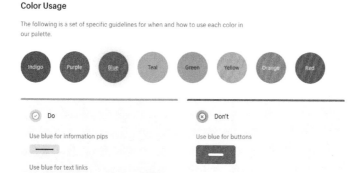

图 10-17　Shopify 的 Polaris 中"应该与不应该"的格式

美国政府网站标准的排版部分列出了各种字体搭配及其推荐用法（见图 10-18），旁边的示例则展示了对应的包含上下文的排版处理。

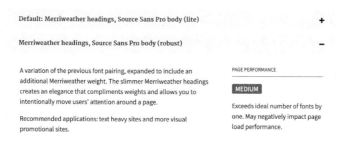

图 10-18　美国政府网站标准包含了字体配对及其推荐用法

2. 交叉引用样式

尽管我们为了使用方便，把样式和组件分开了，但在实践中它们是密切相连的。在模块级别引用样式，或单独引用样式，都是很有用的（即便会产生重复）。按钮有很多样式属性，如颜色、形状、间距、标签页文字的样式、交互时的过渡效果等。同时，其中一些样式属性又可以用于其他对象，如菜单、链接、切换控件等。共享样式会让人感觉这些对象是属于同一体系的。

在 Carbon 中，模块的样式（如颜色）显示在单独的标签页里。同时，颜色的用法也在单独的标签页里（如图 10-19）。

图 10-19 在 Carbon 中，不仅模块层面会引用颜色，各个层级都会引用颜色

再举一个例子：交互状态。通常，我们只会在模块级别的文档里看到它们：这是一个按钮及悬停状态的样式。但是，如果能一目了然地看到所有状态，也是很有用的。辅助性链接的悬停状态样式是怎样的？图标按钮呢？"幽灵"按钮呢？标签页控件呢？同样是悬停效果，为什么有时候是增加一线外框线，有时候是改变背景颜色呢？

在 FutureLearn，我们用一个表格显示交互状态的总体规则（见表 10-3）。当我们添加新的交互元素时，也能应用这套规则。

表 10-3　FutureLearn 模式库中的一些交互状态是集中显示的

普　　通	鼠标悬停	取得焦点	选　　中
Edit profile	Edit profile	Edit profile	-
♡ Like	♡ Like	♡ Like	♡ Like
	-		-
+ 15 comments	+ 15 comments	+ 15 comments	+ 15 comments

3. 显示元素之间的关系

有效的感知性模式都是相互关联、协作运行的。为了让整个设计体系更加连贯统一，需要将元素之间的关系显示出来，如颜色之间的关系、排版和间距之间的关系、语气语调与视觉效果之间的关系，等等。

同样的颜色，如果以不同的比例呈现，效果可能完全不同。Michael McWatters 曾经指出，如果在 TED 网站上使用太多的红色或太少的红色，都会让人感觉这不是 TED，而是其他的品牌。Open Table 样式指南（如图 10-20）便对颜色做了层次划分。

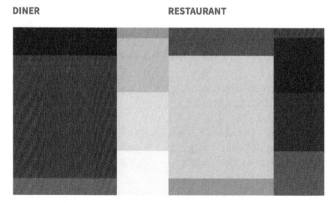

图 10-20　Open Table 样式指南

排版和间距也是密切相关的。字号大、对比强烈的排版便需要更多的留白。如果文字变小，却不减小间距，这些文字就会显得极不协调。即便只有少量几种预设的间距可供选择（如 8px、16px），不同的设计师也可能有不同的偏好——有些人喜欢宽大的留白，有些人则正好相反。在这种情况下，间距的值可能是一致的，但视觉上的密度并不统一。

在 FutureLearn，为了对产品的密度和对比程度进行指引，我们试图这样定义排版和间距之间的关系。

- ❑ **宽大型模块**（见图 10-21）具有较高的排版对比度（标题字号与正文字号的比率较大）和宽大的留白（以平衡高对比度的排版）。
- ❑ **常规型模块**占大多数，它们具有默认的标题大小和间距。
- ❑ **紧凑型模块**（见图 10-21）的标题字号仅略大于正文。

宽大型
排版对比度：高（Yotta + Uno）[1]
留白：宽大

紧凑型
排版对比度：低（Mega + Uno）[2]
留白：较小

我们通常将宽大型用于宣传性质的内容，从而让它们在页面中特别突出。

我们通常将紧凑型用于支持性质的内容，例如内容提要、"聚光灯"[3]。

图 10-21　FutureLearn 里的一些区块类型

---

① Yotta、Mega、Uno 是作者借用表示数量级的英语词头为不同字号的命名，参见图 9-2。Yotta、Mega、Uno 对应的字号依次递减，因此 Yotta 和 Uno 字号差距较大，Mega 和 Uno 字号差距相对较小。——译者注
② 参见注解①。
③ 在作者的公司，"聚光灯"指的是一种吸引用户关注特定内容的元素，参见图 5-2。——译者注

这些设置也反映了模块的用途。影响力强的促销部分需要使用对比度高的排版样式。相反，支持性模块则往往采用紧凑型的排版样式。

如今，绝大多数的模式库将样式放在不同的页面里。我认为这样做是有局限性的。或许下一代的模式库将以更具关联性的方式呈现样式。

同情绪板和元素拼贴一样，样式也应该以一种能表现其相互关系的方式呈现，应该突出标志性模式，突出各种元素之间的关系。

10.4　工作流程

那些拥有有效模式库的团队，通常也拥有系统化的工作流程。当然，每家公司的情况都有所不同。像 Airbnb 这样的团队就拥有严格、精确的流程和强大的工具，其他团队则没那么正式。

10.4.1　添加新模式的过程

如何在设计体系中添加新的模式，是需要在团队内部达成共识的一项重要内容。对此，Nordnet 的团队遵循一个简单的三步法[1]。

(1) 将设计稿提交到 Dropbox 里的"UI 工具箱"文件夹。
(2) 整个团队一起用 Trello 讨论新模式的引入。
(3) 对 UI 工具箱里的设计编写说明。将新设计放入模式库之后，它将自动推送到团队所有人前面。

团队成员每两周开一次会，讨论新提交的内容。通过审阅 Trello 里的讨论内容（见图 10-22），决定是把模块放入文档，还是将其存档。

---

[1] 参见 Ross Malpass 的 *Super Easy Atomic Design Documentation with Sketch App*。

图 10-22　Nordnet 团队使用 Trello 讨论是否引入某个模式

Shyp、FutureLearn 等很多团队都采用了类似的工作流程（Shyp
使用 GitHub 添加和审阅模式）。这个过程不一定要很严格，但
重要的是要强制定期对模式进行评审，无论用什么样的形式。

为了确保提交格式保持一致，一些团队使用了标准模板。这
些模板都带有简单的指示，如名称、描述、作者和日期。在
FutureLearn，填好的内容是直接提交到模式库的，而不是先放
入主设计文件的。同时，关于编写模式描述的工作，我们有一
个非正式的指南。模式的描述由三个问题组成：它是什么？为
什么要引入它？它如何实现自己的目的？

10.4.2　引入新模式的标准

团队里一个常见的问题就是对设计模式的组成范围难以达成一
致意见。为了解决这个问题，需要为模式的引入（以及更新和
删除）建立共享的标准。

对此，两种最为常见的做法如下。

- 网站上的每个新元素都会自动地添加到模式库里。如果你们能严格地控制新模式进入设计体系，那么这种方法便是有效的。为此，应该有一个流程来检查相似的模式是否已经存在，或者是否有可以修改的现成模式。例如，可以在团队范围定期对新模式进行评审。如果没有这样的流程，这种方法就有产生重复模式的风险。

- 只有当元素被复用时，才会被添加到模式库里。有的团队只有在第二次甚至第三次使用某个模块的时候，才会将其添加到模式库里。这样做的逻辑是，在把元素添加到设计体系里之前，必须证明该元素确实是一种模式。这有助于保持模式库精简。如果采用这种方法，那么让整个团队都能了解所有正在创建的内容并开展有效沟通，便是非常关键的。此外，还应该为尚未进入模式库的模式留下注释，这样，团队才能完整地了解所有的内容，包括那些还没有放进模式库里的内容。

也可以根据复用的**可能性**来做决定。在 FutureLearn，我们将组件目的的特殊性作为一项指标。如果元素被定义得很通用，那么它在将来被复用的可能性就比较大。对于这种元素，我们会将它添加到模式库里。如果新的组件是针对特定目的的（如季节性促销、与特殊活动相关的模块等），就将其视为一次性的元素。

根据这一规则，整个团队在定义组件时都要特别留心，如无必要，不要添加只为特定目的而产生的模块。如果有人要引入一次性的组件，就需要向其他所有人解释原因。万一有人发现该模块对他们也有用，我们便会将它重新定义为更通用的模式，并添加到模式库里。

10.4.3 人员与责任

另一个需要考虑的方面是如何让团队里的人参与文档的更新，尤其是在没有专门负责此事的团队的情况下。如果每个人都可以贡献，就必须确保他们的贡献都被添加到模式库里了。例如，将组件添加到模式库，可以是创建该组件的流程中的一环，创建模式的设计师和开发人员负责将该模式添加到模式库里。不过，正如我们在第 6 章中看到的，这种模式并不适用于每个团队。有时，即便每个人都能为模式库做贡献，也需要有一个人或一小组人专门负责策划和维护模式库。

如果有专门的设计体系团队，便需要就他们的角色及管理团队贡献的流程达成一致。设计体系团队可以扮演审校者或制作者的角色，而很多公司也会将两者结合起来。

- **审校者**。组织中的每一个人都可以为新模式做出贡献。设计体系团队负责定义组织内部成员如何提交贡献，包括设置要求、制定审核流程。如果组织成员提交的模式不符合标准，设计体系团队会鼓励创建它的设计师和开发人员进行修改，他们不会自行修改。Atlassian 用的是这种方法。
- **制作者**。如果用这种方法，则大多数模式都是由设计体系团队创建的。他们通常与不同团队的产品设计师紧密合作，举行公开讨论会，让其他人指出问题、提交反馈或提议需要新增的模式。设计体系团队接收来自整个公司的提案，但他们对引入、调整或删除内容拥有最终决定权。Airbnb 用的是这种方法。

选择方向的时候，需要考虑组织结构、团队文化和特定产品需求。审校者角色通常适合结构宽松的分散化团队，而制作者角色则常见于更为严格的集中化体系。

无论选择哪种模式，设计体系团队都应该被视为**合作伙伴**，而不是警察。

> 每当有内部团队开始考虑开发新的模式和组件时，我们都希望尽早跟他们一起合作。我们同各个产品团队的关系应该是一种伙伴关系，而不应该是有人在一边做了大量工作，而我们只能选择同意或不同意。如果出现这种情况，就表示我们的工作没有做好。"
>
> ——Amy Thibodeau，Shopify 用户体验负责人

10.4.4　统一设计体系的各个方面

代码、设计和模式库是设计体系的不同方面。兼具这些方面的设计体系会更加稳健，因为这样的设计体系涵盖了多种角度的内容。但这并不意味着模式在这些方面必须完全同步。重要的是团队在各个方面都采用相同的方法——命名、结构、对目的的理解。

Carbon 设计团队试着让 Sketch 设计工具箱、组件库和代码尽可能保持一致（见图 10-23）。

图 10-23　在 Carbon 设计体系中，这三个方面的命名和文件夹结构都是一致的

Nordnet 的设计师使用原子设计的方法组织其 Sketch 工具箱中的文件夹。他们甚至遵循了 BEM 命名规范[1] 来处理设计文件，以便开发人员和设计师使用相同的语言。[2]

如果设计和代码在概念上是一致的，它们之间的同步便更容易实现，找到适合你们工作流程的工具也更容易。

10.5　工具

保持模式库与生产代码同步是一项很大的挑战。对此，不同的团队用着不同的方法——从手动的复制粘贴，到让模式库成为生产环境的一部分（如 Lonely Planet 的 Rizzo 便是这样做的）。有很多工具可以解决这一问题。下面介绍了一些很受欢迎的工具。

10.5.1　保持模式库的更新

最容易实现的工具之一便是 CSS 文档解析器，如 KSS。这类工具的工作原理都是类似的：在 CSS 中用注释对元素进行描述（可以用程序将描述提取到文档）；运行脚本，生成展示在模式库里的标记。这样的解析工具相对简单，但功能有限。它们还有可能导致重复标记，从而加大维护成本。

更为强大的工具是样式指南生成器，如 Brad Frost、Dave Olsen 和 Brian Muenzenmeyer 制作的 Pattern Lab。Pattern Lab 有很多有用的功能，如响应式预览、多语言支持。它适用于拥有多个模板的大型网站，特别是那些采用原子设计方法的网站。

---

[1] BEM 即块（block）、元素（element）和修饰符（modifier），是一种严格的前端命名方法。——译者注
[2] 参见 Ross Malpass 介绍 Nordnet 内部原子设计工作流程的文章。

Mark Perkins 的 Fractal 则是一种灵活的轻量级工具，它也越来越受欢迎。Fractal 用于构建模式库，制作相应的文档，并将它们集成到项目中去。它的一个主要优点便是灵活——Fractal 可以兼容任何模板语言和组织结构。

保证模式库和代码之间完全同步是非常难的。不同公司实现这种同步的程度并不一样，不同团队对待同步工作的优先级也各不相同。

少量的不同步总是有的。太过完美反而不真实。同任何语言一样，我们的设计语言也在不断地发展。我们会修改细节、会添加模式。我们会不断地打磨产品。因此，在任何一个时间点都有多个版本的设计语言。我们接受这一事实，并设计出一个可以兼容这些不完美之处的设计体系。"

——Jürgen Spangl，Atlassian 公司设计负责人

对于严格的设计体系和集中式的组织，这种同步极为重要，而结构较为宽松的公司则更能接受不同步的情况。

10.5.2　保持主设计文件的更新

目前，实施系统化方法的设计师团队倾向于使用 Sketch 作为他们的主要工具（这在很大程度上要归功于 Sketch 的文本样式、符号、画板等功能，这些功能似乎非常适用于设计体系的工作流程）。团队通常有一个主文件，其中包含一个 UI 工具箱，工具箱里包含的则是部分或全部核心组件及样式。产品设计师倾向于使用自己的文件，并根据需要从主文件中提取元素。

要确保主文件里的模式一直是最新的，这是一件有挑战的事。有很多工具可以帮我们实现这一目标——从轻量级的工具到全面的解决方案。

Abstract 是设计文件的版本控制中心。你可以创建分支、提交设计尝试、合并修改内容。通过 Abstract，你可以很轻松地让设计文件（包括主 UI 工具包）保持单一的事实来源。

另一个流行的工具是 Invision 的 Craft。Craft 是一套 Sketch 插件，它能将 UI 工具包与安装了该插件的任何人同步。用 Craft 生成的模式库可以保存在 Dropbox 上。

还有一些更为全面的工具，如 UXPin、Brand.ai、Lingo 等。使用这些工具，便能在不写代码的情况下创建和管理模式库。当然，这也会导致失去定制模式库的灵活性。不过，它们中的很多也有不少有用的功能，例如展示组件的交互效果，通过 Sketch 插件实现文档的同步更新，与 Slack 集成以实现模式库更新的通知，等等。

10.5.3　将模式库作为求真来源

如果让模式库作为"求真来源"，那么在一些公司里，保持主 UI 工具箱始终最新就变得不那么重要了。在 FutureLearn，主 Sketch 文件（通过 GitHub 更新和共享）仅包含不常改动的核心元素（排版、按钮、导航等）。

设计师将模式库作为最新模式的主要参考来源，而 Sketch 或 Photoshop 则主要用于探索性工作。由于大多数组件都有名称和定义，因此团队可以更多地使用纸质草图，不需要详细的设计规格说明。

由于设计体系和模式库的出现，设计工作和工程工作的流程变得更加融合了。在这个领域产生了很多试验，例如直接根据网页生成 Sketch 文件的工具、导入实际数据的工具，等等。在不久的将来，我们可能不用再担心 UI 工具箱的同步问题了，因为那时我们可能可以随时基于模式库生成 UI 元素。

10.6 模式库的未来

工具应该能适应整个团队的自然工作流程。只有这样，团队里的每个人才会具有主动性，大家对模式库的贡献才会更加均匀。对于 FutureLearn 的模式库，设计师无法完成更新模块描述的工作，这在一定程度上降低了他们的责任感。前端开发人员面临更大的压力，他们负责更新文档，这有时会让他们感觉是个负担。

我希望未来的模式库可以适应跨领域的工作流程。在那种环境下，不同领域的人都可以围绕设计模式进行讨论，并一起确定模式的目的。

随着工具的不断完善，模式库和系统化的设计方法将进一步影响设计师和开发人员。很多团队已经看到了这些变化。曾经需要花费数天时间的手工操作，现在只要几分钟就可以完成——无须更详细的设计规格说明，无须一次又一次地构建同样的模式。

也许乍看之下这会对我们的工作产生威胁（我们未来几年还有工作吗？它们会不会影响我们在 Web 上的创造力和技艺？）。但情况也许正好相反。有了设计体系，我们就能腾出时间和精力来解决更大、更有意义的问题，例如更好地了解我们的用户、让设计语言更具包容性，等等。

结语

在编程和设计领域，克里斯托弗·亚历山大关于模式的理论已经成为应用极广的重要思想。现在，这一理论正在影响我们对设计体系的看法。不过，同亚历山大的原始想法相比，我们可能还漏掉了一个很重要的能力：创造能够对人类生活产生积极影响的体系的道德要求。

亚历山大在 1996 年 OOPSLA 会议 [①] 上做的主题演讲中强调，关于建筑模式语言有一个根本性的问题：这些模式进入体系之后，会让人类的生活更美好吗？即使并非所有模式都能拥有这种能力，我们至少也要**不断努力**实现这一目标。[②]

如今，我们生活中的很多事情都是在线上完成的，从购买商品、支付账单，到查找日期、完成学业。模式语言为我们提供了一种思考设计的格式，同时也给我们带来了一个挑战，即我们创建的模式是否会对人类生活产生积极的影响？如果是的话，我们如何知道？我们如何持续地检验这一点？

当你碰到诸如提高点击次数、鼓励用户在网站上花费更长时间这样的任务时，你很难仔细地考虑上面这些问题。即便毫无歹意，我们在网上创造的很多东西的初衷，也都是为了获取短期商业利益，而不是为了给人们的日常生活带来真正的价值。[③]于是，我们产生了旨在吸引用户的模式、偏向某些人群的模式、鼓励人们投入时间金钱却很可能致其后悔的模式。

[①] OOPSLA（Object-Oriented Programming, Systems, Languages & Applications）会议是计算机协会（ACM）的一个年度性会议。——译者注

[②] 参见克里斯托弗·亚历山大做的主题为 *Patterns in Architecture* 的演讲。

[③] 参见 Tristan Harris 的文章 *How Technology is Hijacking Your Mind-from a Magician and Google Design Ethicist*。

实际上，我们很少考虑诸如这样的问题：当有人去世时，我们所有的数字账户和信息会发生什么？我们创造的设计如何提高人们的生活质量？我们的体系是否真的具有包容性和同理心？

我们构建的模式语言是非常强大的。它不仅能影响数字世界，还能影响物理世界。无论是为了我们自己，还是为了使用我们产品的用户，我们都应该不断地思考并改进模式语言的形态，想想我们还能为它做些什么。

扩展阅读资料

如果你想要深入理解设计体系，可以从以下三本书获取相关的知识和灵感。我也在本书里多次提到了它们。

❏ 《建筑的永恒之道》，作者克里斯托弗·亚历山大
❏ 《系统之美》，作者 Donella Meadows
❏ *How Buildings Learn: What Happens After They're Built*，作者 Stewart Brand

此外，还可以阅读以下资料：

❏ *How to Make Sense of Any Mess*，作者 Abby Covert
❏ *Front-end Style Guides*，作者 Anna Debenham
❏ 《原子设计》，作者 Brad Frost
❏ *Responsive Design: Patterns and Principles*，作者 Ethan Marcotte
❏ 《包容性 Web 设计》，作者 Heydon Pickering

其他资料

❏ "设计体系" Slack 频道，由 Jina Anne 创建
❏ Nathan Curtis 关于设计体系的文章
❏ "样式指南"播客，由 Anna Debenham 和 Brad Frost 主持
❏ "设计体系"通讯，由 Stuart Robson 策划
❏ "响应式 Web 设计"播客，由 Karen McGrane 和 Ethan Marcotte 主持
❏ 网站样式指南资源汇总

感谢你的阅读。这本书只是关于设计体系这一话题的一个开始。我还会继续钻研设计体系。如果你有任何想法或故事想告诉我，可以发邮件至 alla@craftui.com，期待你的来信。[①]

---

① 中文版读者可发邮件至 wang@weakow.com 与译者联系。——译者注

技术改变世界 · 阅读塑造人生

用户体验设计：100 堂入门课

◆ 不知道UX含义也能读懂的体验设计基础书

◆ 拒绝抽象概念讲解，用实践性课程手把手教你如何成为UX设计师

◆ 其前身 *UX Crash Course* 在线阅读量百万+、好评如潮

书号： 978-7-115-48022-4
定价： 59.00 元

简约至上：交互式设计四策略（第 2 版）

◆ 中文版销量100 000+册交互式设计宝典全面升级

◆ "删除" "组织" "隐藏" "转移" 四法则，赢得产品设计和主流用户

◆ 全彩印刷，图文并茂

书号： 978-7-115-48556-4
定价： 59.00 元

设计师要懂心理学 2

◆ 《设计师要懂心理学》姊妹篇

◆ 用讲故事的手法生动呈现100个设计案例

◆ 为用户体验设计师/交互设计师/产品经理量身打造

书号： 978-7-115-42784-7
定价： 59.00 元

技术改变世界 · 阅读塑造人生

设计与沟通：好设计师这样让想法落地

◆ 别让你的方案败在不会说话上！
◆ 破解13个日常沟通反模式，有效逆转沟通困境，顺利传递设计创意，缩短产品开发流程

书号： 978-7-115-49718-5
定价： 69.00 元

说服式设计七原则：用设计影响用户的选择

◆ 3个小时的阅读=产品设计能力大幅提升
◆ 教会你从用户角度思考，为影响和说服用户而设计

书号： 978-7-115-49682-9
定价： 49.00 元

精益设计：设计团队如何改善用户体验（第2版）

◆ 采用行之有效的精益设计方法，让设计团队事半功倍地设计出更好的用户体验
◆ 第2版重磅升级，包括实验的设计和追踪，以及许多Lean UX工具的调整

书号： 978-7-115-47553-4
定价： 49.00 元